ELLI H. RADINGER

OUDE WIJZE HONDEN

Van dezelfde auteur
De wijsheid van wolven

Bezoek www.levboeken.nl voor informatie over al onze boeken.
Volg @Levboeken op Twitter en bezoek onze Facebook-pagina:
www.facebook.com/LevBoeken.

ELLI H. RADINGER

OUDE WIJZE HONDEN

De verbluffende wijsheid van onze trouwste metgezel

Lev.

Oorspronkelijke titel
Die Weisheit alter Hunde

Vertaling
Davida van Dijke
Omslagontwerp
Pinta Grafische Producties, naar een ontwerp van Hauptmann &
Kompanie Werbeagentur, Zürich
Omslagbeelden
© Getty Images/Ryan McVay (voorkant), © iStockphoto/fstop123
(achterkant)
Foto auteur
© Sabrina Schäfer @ eye-lens

ISBN 978 94 005 1144 6
NUR 410

Derde druk, september 2019

God, laat me de mens worden
die mijn hond denkt dat ik ben.

Voor Axel, Klops, Lady en Shira

INHOUD

INLEIDING

De veranderingen kwamen stap voor stap. Het gebeurde pal onder mijn neus, en toch zag ik het niet. Elke dag werd ze een minuscuul beetje ouder, een miljoenste deel volwassener. Het viel me niet op. En toen, heel plotseling, overrompelde het me: daarnet was een eekhoorn voor haar de boom in gevlucht. Maar in plaats van het brutaaltje net als vroeger te achtervolgen en woest blaffend om de boom heen te dansen, bleef ze liggen en staarde ze ernaar met een verlangende blik in haar ogen.

Ik keek vol verbazing naar haar; en ontdekte de grijze haren die haar snoet omlijstten. En de ogen die er opeens wat troebel uitzagen. Mijn hond Shira (zie pagina 10-11 in het fotokatern), een teefje, begon oud te worden. Hoe had het me kunnen ontgaan? Ja, ik had het wel gezien... maar het was niet tot me doorgedrongen. Ik stond te dicht bij haar.

Ouders van volwassen kinderen vertellen vaak dat ze behoorlijk schrikken als ze het gezinsfotoalbum doorbladeren. Ze zien foto's van hun jonge kids die op het strand spelen en met zwemvleugeltjes in het zwembad spetteren en vragen zich af: waar is de tijd gebleven? Op welk punt tussen de kindertijd, de puberteit en volwassenheid zijn we hen kwijtgeraakt? Waarom hebben we niet gemerkt dat ze ouder werden?

Ik heb pasgeleden naar de babyfoto's van Shira gekeken. Een mollige, bijna witte labradorpup die haar kopje door de spaken van het stuurwiel van mijn auto steekt. Shira spelend met hondenvriendjes. Shira's eerste zwemoefeningen; aan een lange lijn voor haar veiligheid. Shira die een dummy apporteert die groter was dan zijzelf. Een halfjaar later als tienerhond tijdens een wandeling, slungelachtig en met buitensporig grote poten.

Toen ik dat wriemelende, zachte vachtbundeltje voor de eerste keer in mijn armen hield, dacht ik er niet aan dat het me zo moeilijk zou vallen om haar oud te zien worden. Toen de vermoeiende puppyperiode en de al even inspannende jongehondentijd met haar achter de rug was, ontspande ik me met de volwassen Shira en verheugde ik me op ons gezamenlijke 'gepensioneerde bestaan'. Ik zag het al voor me: Shira zou de hele dag slapen, tevreden om gewoon bij me te zijn, zonder dat ik haar bezig zou hoeven houden. Dan zou ik in alle rust kunnen schrijven. Ik zou minder werk aan haar hebben. Niet dus. Je hebt een hoop werk aan een oude hond; bovendien heb je veel geduld nodig en vereist het dier speciale zorg.

De oude dag kan voor dieren en hun menselijke verzorgers een hele uitdaging zijn. Maar je kunt in deze fase ook nieuwe dimensies van ze leren kennen en ervan gaan houden. Je past je meer aan hun behoeften aan. Nu is de tijd gekomen dat je je dier iets teruggeeft voor de onvoorwaardelijke liefde en verdraagzaamheid die het je heeft betoond en het geduld dat het met je heeft gehad.

Ik kijk neer op mijn hond, die onder mijn bureau ligt. Ze voelt dat ik naar haar kijk, maar staat niet op. Alleen haar staart roffelt op de vloer. Klop, klop, klop. Dit geluid verbindt ons met elkaar. Ik kniel naast haar neer en neem haar kop tussen mijn handen. Haar hangoren glijden als fluweel door mijn vingers. Ik laat mijn vingertoppen langs haar lijf gaan en voel hier en daar vetbulten. Shira is nog altijd een aantrekkelijke hond; slank en met een glanzende lichtgekleurde vacht.

Ik buig mijn hoofd en kus haar teder op het zachtste deel van haar snoet, vlak onder haar oog. Eén kostbaar ogenblik bewegen we geen van tweeën en houden we het magische moment vast.

Dan sta ik op en wijd ik me weer aan mijn werk. Shira zucht diep en slaapt verder.

Dit soort momenten, waarop ik een innige band met mijn hond voel, zijn heel speciaal. Ik was altijd al blij dat ze in mijn leven was, maar door het besef van de eindigheid van onze relatie voel ik haar aanwezigheid nog intenser.

Shira is nu dertien. In mensenjaren gerekend (circa drieënnegentig) is ze al veel ouder dan ik. Als ze buiten met veerkrachtige sprongen over het veld rent, haar neus begraaft in het gras of met haar hondenvriendjes stoeit, is haar leeftijd haar niet aan te zien. 'Zij is nog een jonkie, hè?' hoor ik vaak van andere hondeneigenaars. Haar echte leeftijd valt me pas op als ze zich 's avonds na een lange wandeling langzaam en voorzichtig van de bank laat glijden vanwege haar vermoeide ledematen. Ook als ze opstaat uit haar favoriete diepe stoel moet ze zich meer inspannen dan vroeger. Tijdens onze wandelingen gaat ze vaker liggen; zodra ik maar even stilsta. Ja, zelf moet ik ook af en toe pauzeren.

Ik houd een dagboek bij over Shira's leven. Ik wil elk moment vastleggen in de hoop dat het me helpt de pijn van het verlies – dat onvermijdelijk zal komen – beter te verwerken.

Ik weet wat me te wachten staat. Ik heb mijn leven al met twee andere honden gedeeld, tot hun dood op hoge leeftijd, en heb ze begeleid bij het sterven. Nu is het opnieuw tijd om me daarop voor te bereiden, voor zover dat ooit kan. In feite is het ook mijn eigen levensverhaal. Ik ervaar dat een levend wezen dat mijn grote liefde is, oud wordt en haar reis naar de dood begint. Ik zal op een dag tot actie overgaan, of niet. Ik moet leren omgaan met veranderingen en het onvermijdelijke accepteren. Op een dag zal Shira's leven in mijn handen liggen en moet ik beslissen wat ik ermee zal doen. En dat maakt me bang.

Tijdens het schrijven van dit dagboek heb ik ontdekt dat ik me niet alleen op de oude dag en het levenseinde van mijn hond voorbereid, maar dat ik ook terugblik op ons leven samen. Op een relatie die met de jaren inniger en rijker is geworden. In de afgelopen jaren zijn we allebei oud geworden, we hebben hetzelfde doorgemaakt. Zo gaat dat vaak als je lang met honden samenleeft. Shira en ik hebben geleerd wat er in dit leven te leren viel. We zijn bekend met de wetten van het leven en hebben vrede met de wereld. We genieten van de tijd die we samen hebben.

Het moeilijkste vond ik het schrijven van de hoofdstukken over het afscheid nemen van onze geliefde viervoeters. Ik heb me een tijdje serieus afgevraagd of ik jullie, lieve lezers, daarmee moest lastigvallen. Mijn uitgever had me gewaarschuwd. Maar aangezien dit een persoonlijk boek is, heb ik ervoor gekozen jullie het complete spectrum van gevoelens toe te vertrouwen dat het samenleven met een oude hond met zich meebrengt. Hoe kan ik over oude wijze honden schrijven zonder in te gaan op het belangrijkste inzicht en de meest diepgaande levensles die ze ons te geven hebben? Hoe zij met het einde van het leven omgaan, is per slot van rekening hun grootste cadeau aan ons.

Honden zijn een verrijking. Hoe ouder ze worden, hoe kostbaarder de tijd die we met ze mogen doorbrengen. Leven met een oude hond en hem in zijn laatste jaren begeleiden, opent onze ogen en ons hart. We beseffen dat we van oud worden en doodgaan veel kunnen leren en dat jezelf voorbereiden op de dood ook inhoudt dat je je voorbereidt op het leven.

HOEZO OUD?

De natuurkundige Albert Einstein heeft in zijn relativiteitstheorie het concept van tijd ooit uitgelegd aan de hand van de bekende tweelingparadox: één helft van een tweeling vliegt met een ruimtevaartuig het heelal in, de ander blijft op aarde achter. Op een gegeven moment komt de broer die de ruimte in is gevlogen in hetzelfde tempo weer terug op de aarde. Dan constateren de twee dat degene die op aarde is gebleven wezenlijk ouder is dan de broer die terugkomt uit het heelal. Volgens Einstein is dat logisch, want dankzij de snelle verplaatsing door de ruimte heeft de astronaut minder tijd 'verbruikt'.[1] Hoe vlug of langzaam de tijd verstrijkt, hangt dus af van de snelheid waarmee jij je verplaatst.

Ik heb geen ruimteschip nodig om te weten dat de tijd snel gaat. Kijken naar mijn hond is voor mij genoeg. Als acht weken oude pup kwam Shira bij me. Nu, als dertienjarige, is ze ouder dan ik. Ik kijk haar aan en vraag haar: 'Wat ben je oud geworden! Hoe is dat in 's hemelsnaam gebeurd?'

Shira is in een joviale bui en werpt me in haar oneindige goedheid een blik toe die zegt: 'Kijk naar jezelf, jij.'

Ze heeft natuurlijk gelijk. Zelf ben ik ook de jongste niet meer. Ik weet niet hoe het voor Shira voelt om oud te worden. Ik wil graag geloven dat ze het gewoon accepteert en er in het beste geval van geniet.

Op dit moment ligt ze onder mijn bureau met haar rug tegen de verwarming. Af en toe strekt ze haar poten uit als een kat, zet ze haar nagels in de vloerbedekking en kijkt ze me aan. Vervolgens zucht ze diep en slaapt ze verder. De ene voorpoot over de andere, alsof ze in een hondengebed verzonken is, met zo nu en dan een spiertrekkinkje.

Oud worden is onbekend terrein voor ons allemaal, al heeft de mensheid het vanaf het allereerste begin zonder uitzondering ondervonden. Er zijn ergere dingen dan de laatste jaren van je leven slapend doorbrengen, dicht bij degene van wie je houdt, dromend over wat er zoal gebeurd is en wat er misschien nog in het verschiet ligt.

Shira was een vertederende kleine pup die met wapperende oren over het weiland dartelde. Daarbij struikelde ze regelmatig over haar eigen grote poten en rolde ze door het gras, om meteen daarna weer op te krabbelen om een vlinder achterna te racen die ze zelf had opgeschrikt. Om te smelten, zo schattig. Na de puppytijd volgden de puberteit en de vlegelfase. Daarna beleefde ik vele mooie jaren met Shira als volwassen hond. En toen op een dag constateerde ik dat de koddige kleine vachtkluwen van weleer een bejaarde was geworden die liever knus op de bank lag dan achter ballen aan te hollen en wier gewrichten kraakten bij het opstaan. In wezen verging het mij hetzelfde. Het enige verschil tussen ons was dat Shira versneld op leeftijd is geraakt.

Een vriendin van me weigert op haar zeventigste nog steeds om zich als oud te laten bestempelen. Een kennis van me kreeg voor haar vijfenzeventigste verjaardag een seniorencruise cadeau van haar kinderen. Ze wilde die niet aannemen, omdat ze zich niet als 'een oud mens' ziet.

Zelf heb ik me mijn leven lang verheugd op de bejaarde leeftijd, die voor mij de bevrijding van veel maatschappelijke verwachtingen en sociale druk betekende. Eindelijk zou ik alles kunnen doen wat ik wilde en mensen zouden hoogstens mild glimlachend iets zeggen als: 'Moet je dat malle oudje nou zien.'

Toen ik in de overgang kwam, vierde ik dat met een Red Hot Mama-party. De genodigden waren uitsluitend vrouwen in de menopauze. We droegen allemaal rode kleren en aten pikante gerechten zoals chili en hapjes uit de Thaise keuken.

Inmiddels ben ik zevenenzestig en statistisch gezien is de kans dat ik de mijlpaal van honderd jaar zal bereiken groot. Natuurlijk blijven ouderdomskwaaltjes me niet bespaard, net zomin als Shira. Maar zij is mijn grote voorbeeld wat betreft positief oud worden; van haar leer ik hoe je er het beste van kunt maken.

De oudste persoon die ooit geleefd heeft, was volgens de bijbel Metusalem, die negenhonderdnegenenzestig jaar werd en zijn zoon Lamech verwekte op de prille leeftijd van honderdtachtig jaar.[2] De Australische cattledog Bluey was volgens *The Guinness Book of Records* met negenentwintig jaar en vijf maanden lange tijd de oudste hond ter wereld. Maggie, een Australische kelpie, vestigde in 2016 een nieuw record. Ze werd dertig.[3] Ze is niet officieel erkend als de oudste hond ter wereld omdat haar eigenaar, de boer Brian McLaren, haar geboorteakte en de bijbehorende papieren was kwijtgeraakt. Haar exacte leeftijd viel dus niet te bepalen. Maar toen McLaren de destijds acht weken oude pup in huis nam, was zijn zoon Liam net vier jaar geworden. Toen Maggie stierf was Liam vierendertig.

Toen ik probeerde met behulp van een online rekenmachine Maggies leeftijd in mensenjaren om te rekenen weigerde het programma dienst. 'Voer een getal onder de 25 in,' zei de website. Kennelijk gingen de programmeurs er niet van uit dat honden ouder dan vijfentwintig worden. In mensenjaren is Maggie bijna tweehonderd jaar geworden.

De levensverwachting van mensen en honden is de afgelopen decennia voortdurend gestegen en stijgt nog steeds. Voor honden is de levensverwachting in twintig jaar tijd met drie jaar toegenomen. Dat komt door betere medische zorg, passende voeding en betere algehele verzorging.

De meeste honden worden tussen acht en vijftien jaar oud.

Het is extreem zeldzaam dat ze een leeftijd van twintig jaar bereiken. Wetenschappers van de universiteit van Göttingen hebben tijdens een onderzoek de gegevens van meer dan vijftigduizend honden van vierenzeventig verschillende rassen geanalyseerd en geconstateerd dat grote honden eerder doodgaan dan kleinere.[4] Ook sterven rashonden duidelijk op jongere leeftijd dan gemengde rassen of bastaardhonden. En de buldog, die gemiddeld niet ouder dan zes wordt, heeft de kortste levensverwachting van alle honden.

De uitkomst van het onderzoek zou me ongerust moeten maken: als labrador hoort Shira tot de grotere rassen. Hoewel ik haar ook als bastaard kan betitelen, want haar vader was een labrador en haar moeder een flat-coated retriever. Mooi, dat is pure tijdwinst voor haar en mij. Ik slaak een zucht van verlichting, daar kom ik dan weer goed van af. Ik ken het gevoel om met een verborgen dreiging te leven. Tijdens mijn wolvenonderzoek in het Amerikaanse natuurpark Yellowstone zwierf ik dagelijks rond in een gebied dat zich slechts zo'n vijf kilometer boven een enorme holte vol gloeiend hete magma bevindt. Hier kon en kan elk moment een supervulkaan uitbarsten. Wetenschappers gaan ervan uit dat zich elke zeshonderdduizend jaar een uitbarsting voordoet. De jongste eruptie is zeshonderdveertigduizend jaar geleden, dus de volgende grote uitbarsting had allang moeten plaatsvinden.

Toch blijf ik mezelf onverdroten wijsmaken: nu nog niet. Míj overkomt dat niet. Dit is echt niet het moment.

Zo vergaat het me ook met Shira. Dertien jaar? Wat stelt dat nou voor! Natuurlijk wil ik graag dat ze zo lang mogelijk leeft en gezond blijft. Bestaat er een toverformule om een hoge leeftijd te halen? Ik heb geprobeerd erachter te komen door in mijn online nieuwsbrief de eigenaars van oude honden te vragen om hun leven met hun trouwe viervoeter te beschrijven. Ik heb meer dan tweehonderd reacties gekregen en wil bij dezen graag iedereen bedanken voor zijn of haar openhartige relaas. De verhalen hebben me geraakt en vaak genoeg tot tranen toe ontroerd. Maar mensen, jullie mails hebben me vooral hoop gegeven.

Neem nou bijvoorbeeld Kathy's hond Peggi, een teefje. De achttien jaar oude kruising van Tibet-terriër met cockerspaniël woont meestal bij Kathy's achtenzeventigjarige moeder in Hamburg. Deze twee hoogbejaarde dames – die trouwens allebei nog in topvorm zijn – vormen duidelijk een geweldige match. Of Heikes hond Malta, een straathond die pas op zijn zestiende stierf. Pocolino, de hond van Rosemarie, was afkomstig uit Fuerteventura en heeft de trotse leeftijd van twintig jaar bereikt. Filou, de bastaardterriër van Andrea, is negentien. Veel van de honden van mijn lezers zijn (of werden) vijftien, zestien of nog ouder. Daarbij vergeleken is Shira eigenlijk nog maar een ukkepuk, toch? En het geeft me hoop dat dertien toch nog niet zó oud is.

Maar zat nou ergens tussen al deze verhalen die ene toverformule verstopt? Ik moet je teleurstellen: nee. Er bestaat geen magisch geheim recept om heel oud te worden; noch voor honden, noch voor mensen. De hedendaagse problemen waardoor honden vroegtijdig oud worden zijn dezelfde als voor ons: verkeerde voeding en overgewicht, bewegingsarmoede en te weinig mentale uitdagingen.

Maar toch: je kunt alles 'goed' of alles 'fout' doen, op de keper beschouwd maakt het niet uit. Niemand garandeert je dat Bello (of jij) daardoor langer zal leven. Er zijn talloze onderzoeken die ons mensen vertellen hoe we moeten leven, wat we het beste kunnen eten en welke sport we het beste kunnen beoefenen om honderd te worden. Desondanks kun je morgen je huis uitstappen en door een bus overreden worden. Wat dus telt is de kwaliteit van leven, niet de kwantiteit.

Ik besluit me niet meer gek te laten maken. Ouderdom is

geen ziekte, voor tweevoeters net zomin als voor viervoeters. Volgens mijn online omrekenmachine komt Shira met haar gewicht van vijfentwintig kilo qua leeftijd overeen met een mensenleeftijd van drieënnegentig jaar. Ze heeft dus zelfs mijn zevenentachtigjarige moeder ingehaald.

Ik maak de balans op. Hoe is Shira veranderd nu ze bejaard is? Zoals ze op dit moment onder mijn bureau ligt te slapen, straalt ze een meditatieve rust uit. In mijn ogen blijft ze eeuwig jong. We hebben jarenlang alles samen gedaan. Urenlange wandelingen, zwemmen in het meer, ballen apporteren (oké, dat heb ik minder vaak gedaan dan Shira). Soms verlang ik terug naar de tijd dat ze jong was, maar meestal geniet ik vooral intens van het hier en nu. Onze relatie wordt elke dag inniger, we vertrouwen elkaar blindelings en weten wat de ander wil. Wanneer ik naar haar kijk, weet ik wat er in haar omgaat. In ons leven van alledag zijn we compleet op elkaar ingespeeld.

Maar ik kan niet meer voor mezelf ontkennen dat ze oud is. De tekenen wijzen erop: haar licht goudbruine haar is op veel plaatsen grijs en dunner geworden. Ze verliest steeds meer ondervacht. Daarom draagt ze 's winters een fleecejasje en als het motregent een regenjas. Ze koelt sneller af.

Haar ooit donkere neus is lichtbruin geworden. Hier en daar groeien wratjes, zoals laatst in haar binnenste ooghoek, die na een paar weken weer verdwijnen. Onder haar vacht tekenen zich een paar vetbulten af. Ik heb ze laten onderzoeken. Het zijn goedaardige vettumoren (lipomen) die op haar ribben groeien.

Ook Shira's ogen gaan achteruit. Haar warmbruine kijkers lijken steeds meer blauwachtig-troebel, en in het donker wordt ze onzekerder.

Maar het gezichtsvermogen speelt duidelijk niet dezelfde grote rol in haar leven als haar andere zintuigen. Honden hebben een veel scherper gehoor dan wij en kunnen geluiden waarnemen die vergeleken bij wat wij kunnen horen, vier keer zo ver weg zijn. Toch is ook Shira's gehoor de afgelopen paar maanden langzaam maar zeker achteruitgegaan. Aanvankelijk was ze nog 'selectief doof', maar inmiddels hoort ze echt niets meer. Hoe lukt het haar dan om te functioneren? Als ik naast haar sta en haar naam roep, reageert ze niet. Meestal moet ik haar zachtjes aanraken om haar aandacht te krijgen. Wat nog steeds prima werkt is haar tastzin. Ze neemt trillingen van de grond waar en 'hoort' me als ik met mijn voeten stamp.

En haar doofheid heeft ook voordelen: dit jaar hebben we voor het eerst een ontspannen jaarwisseling meegemaakt. Wat heb ik vroeger allemaal niet geprobeerd om mijn bange hond tijdens oud-en-nieuwvieringen of tijdens een onweersbui te kalmeren! Van speciale feromoonhalsbanden en homeopathische kalmerende druppels tot geluidsconditionering. Niets hielp. Twee jaar geleden heb ik oud en nieuw zelfs in een peperduur en verafgelegen luxehotel doorgebracht. Hoogseizoenprijzen met een verplichte verblijfsduur van minimaal vier nachten! Maar helaas, zodra de eerste vuurpijlen de lucht in gingen in de mijlenver verwijderde stad, moest ik mijn hevig trillende hond weer tot bedaren zien te brengen. Adviezen om mijn lieve angsthaas te negeren zodat ze niet in haar angst 'bevestigd' wordt, lap ik aan mijn laars. Ik zie het als mijn verantwoordelijkheid om Shira op zulke momenten niet in de steek te laten. Dus houd ik haar in mijn armen en bied haar op die manier veiligheid. Of ik dat 'mag' doen of niet, kan me niet schelen. Ik doe het gewoon; al was het alleen maar omdat ik me er zelf beter door voel.

En nu is Shira dus doof. Wat me tijdens het uitlaten en langere wandelingen soms tot wanhoop drijft omdat ze me niet hoort roepen, kan onder andere omstandigheden een zegen zijn. Dit jaar liet de oud-en-nieuwviering in onze woonwijk haar volledig koud, de ratelende voetzoekers, knallende rotjes en gillende vuurpijlen ten spijt. Zo kunnen ook ouderdomskwalen een voordeel hebben.

Feit blijft dat ik tegenwoordig tijdens het uitlaatrondje beter moet opletten. Op een keer was Shira plotseling in het bos verdwenen. Ze was al snuffelend in het kreupelhout gedoken en kwam niet tevoorschijn. Ik riep en riep; niets. Logisch natuurlijk. Ik klapte hard in mijn handen en gebruikte als laatste redmiddel mijn hondenfluitje, waar ik verschillende keren op blies tot mijn eigen trommelvliezen bijna scheurden. Nog steeds niets. Ik raakte in paniek, zette een stap achteruit... en struikelde bijna over haar. Ze had al die tijd achter me gestaan en keek me nu stomverbaasd aan. 'Hallo zeg, ik ben toch hier. Waarom al die ophef?' Ik was onbeschrijflijk opgelucht.

Toen Shira een pup was, heb ik met haar al visuele communicatiesignalen geoefend. Ik combineerde verbale tekens met een handgebaar. Ze gehoorzaamt bij 'kom', 'zit', 'plaats' en 'blijf', als ik haar tenminste zover kan krijgen dat ze naar me kijkt. Maar ook dat is op haar oude dag niet zo'n probleem meer, want Shira is heel aanhankelijk en vergewist zich er continu van of ik er nog ben. Als we op onbekend terrein zijn, houd ik haar voor de zekerheid aan de sleep- of flexilijn.

Aanrakingen lijken belangrijker voor haar te zijn geworden. Ze vindt het heerlijk om geaaid te worden en zoekt lichaamscontact op, wat ik natuurlijk ook fijn vind. Het duurt langer voor ze wakker wordt uit een diepe slaap, en vervolgens lijkt ze soms niet meer te weten waar ze is. Als ze 's avonds haar laatste rondje van de dag in de tuin maakt, blijft ze af en toe staan en staart ze voor zich uit. Wat denkt ze dan? Vermoeid loop ik in mijn pyjama naar haar toe en breng haar terug het huis in.

Pasgeleden liep ze met me mee naar de kelder, maar ze volgde me niet terug naar boven. Ik ging naar haar op zoek en vond haar bij mijn werkbank. Daar stond ze en keek me aan, duidelijk blij om me te zien. Het was alsof ze niet meer wist waar ze was. Is het een eerste teken van dementie? Mijn andere honden hadden dit niet. Of valt het me op omdat dementie en alzheimer bij honden tegenwoordig meer in de belangstelling staan en we er dankzij toegankelijker informatiebronnen zoals internet meer over weten? Ik heb mijn verwarde bejaarde dame begeleid tot boven aan de trap. We moeten nu gewoon nog beter op elkaar passen.

Shira's energieniveau verandert met het weer. Bij aangenaam warm of juist koud, bij droog en helder weer, dan springt ze als een jonge hond door het open veld. Maar met waterkoud weer heeft ze helemaal geen puf. Dan blijft ze liever in haar mand.

Shira raakt nog altijd opgewonden als ik haar dummy pak, de pop waarmee ik haar toen ze klein was heb leren apporteren. Het ding is gemaakt van stevig katoen en ziet er een beetje uit als een langwerpig etui; alleen is het niet gevuld met potloden of balpennen, maar met kunststof korrels of een andere substantie die blijft drijven in water. De dummy moet een nabootsing zijn van wild en er zit een werpkoord aan vast waarmee ik hem ver weg kan gooien. Zoals de meeste labradors is Shira dol op de dummy; het zit immers in haar genen om wild te apporteren. Ze trippelt en danst ongeduldig om me heen en wacht tot ik hem weggooi. En ze is nog steeds verzot op zwemmen.

Ook haar stemgeluid is trouwens recentelijk veranderd. Vroeger blafte ze laag en welluidend; nu stoot ze hoge, schrille dissonanten uit als een schorre operadiva.

Ze heeft meer tijd nodig dan vroeger om zich aan nieuwe situaties aan te passen en nieuwe opdrachten te begrijpen. Des te belangrijker vind ik het haar mentaal te blijven uitdagen, bijvoorbeeld door neuswerk. Hoewel het langer duurt voor haar neus een geur oppikt, is ze er beslist niet minder trots op wanneer ze het verstopte voorwerp eenmaal heeft gevonden.

Shira wordt wat sneller bang en is in veel dingen onzekerder. Ik probeer haar zo veel mogelijk steun te bieden. Zo ben ik bijvoorbeeld heel voorzichtig bij een ontmoeting met een andere hond. Ik zorg ervoor dat ze alleen contact heeft met honden die tolerant en meegaand zijn. Wilde sterke honden zouden tijdens het spelen boven op haar kunnen springen waardoor ze misschien een blessure oploopt. Het welzijn van mijn bejaarde dame heeft voor mij absolute prioriteit en een kreet als 'ze zoeken het onderling maar uit' vind ik nu nog onuitstaanbaarder dan vroeger.

Het geheim van de eeuwige jeugd bestaat helaas ook voor honden niet. Ouderdomskwalen zoals die van Shira kan iedere mens die ouder wordt ook bij zichzelf constateren. Ik ben blij dat ik nu mijn 'gouden jaren' doormaak, net als mijn hond. Toen ik jonger was, had ik me niet zo goed in haar kunnen verplaatsen. Mijn twee vorige honden zijn vijftien en zestien jaar geworden. Als ik toen geweten had wat ik nu weet, had ik ze misschien gelukkiger kunnen maken en de last van hun laatste jaren kunnen verlichten.

We willen allemaal zo lang mogelijk fit blijven. Honden hebben daar hetzelfde voor nodig als mensen; gezond eten en lichaamsbeweging houden ons op de lange termijn gezond. Wat voeding betreft probeer ik met Shira geen nieuwe dingen meer uit. Omdat alle pogingen tot verandering van haar dieet in de afgelopen jaren uitliepen op diarree of winderigheid, houd ik me aan het voer dat zijn deugdelijkheid heeft bewezen. Zo hebben we allebei minder stress. In de ochtend krijgt ze een hondenkoek, 's middags hoogwaardig blikvoer voor seniorhonden en 's avonds een bakje droge hondenbrokjes. Als een bepaald dieet goed werkt en de hond gezond is, moet je er niets aan veranderen. Wij mensen weten toch ook wat we goed kunnen verdragen en wat niet?

Ik weet dat het een rage onder hondeneigenaars is om de 'enig juiste' hondenvoeding op te hemelen en dat er een felle twist over dit onderwerp wordt uitgevochten op internet, alsof het om religieuze overtuigingen gaat. Maar in plaats van kostbare tijd te verspillen aan de zoektocht naar het 'perfecte voer', is het voor mij belangrijker om meer qualitytime met mijn hond door te brengen.

Feit is dat honden (en mensen) die slanker zijn en minder calorieën naar binnen werken, langer leven. Met elke kilo extra gewicht verkorten we onze levensduur. Het is enorm gunstig voor Shira's gewrichten dat ze tenger gebouwd is; trouwens heel atypisch voor een labrador.

Mijn bejaarde meisje en ik gaan allebei naar de fysiotherapeut. Nee, niet naar dezelfde. Ik laat mijn rugpijn wegmasseren en Shira krijgt laseracupunctuur voor haar rug en gewrichten. Daarnaast doe ik bijna elke dag oefeningen met haar waardoor ze soepel en beweeglijk blijft. Ze slalomt tussen mijn benen, draait zich op commando in het rond, op 'twist' rechtsom en op 'circle' linksom; en ze kan pijlsnel overschakelen van zitten naar liggen. In ruil voor een beloningssnack verandert Shira in een ware circushond.

Ik ga regelmatig met haar naar de dierenarts en sinds ze elf geworden is ook elk halfjaar op geriatrische controle. Dit is een preventief onderzoek speciaal voor oude honden om veranderingen van het bewegingsapparaat, de zintuigen, het hart, de bloedsomloop en de inwendige organen vroegtijdig te ontdekken. Als ik hierover vertel, roept dat bij mijn vrienden hilariteit of ronduit onbegrip op. Een geriatrische controle laten uitvoeren bij een hond vinden ze geschift. Ikzelf vind het zinvol, want zo weet ik hoe gezond mijn hond echt is.

Ik heb een dreamteam van vrouwelijke dierenartsen: specialisten in traditionele diergeneeskunde en homeopathie en een fysiotherapeute. Deze combinatie van intelligente vrouwen in een groepspraktijk voelt als een geschenk uit de hemel, waarvoor ik heel dankbaar ben. Iedere hondenbezitter moet voor zichzelf ontdekken welke dierenarts zowel bij hem als bij zijn hond past. Ik heb lang gezocht en veel dierenartsen geprobeerd en voel me nu eindelijk in goede handen.

Een probleem bij elke oudere hond is tandsteen. Nadat Shira een operatie heeft ondergaan waarbij vier tanden zijn getrokken, let ik er nog beter op dat ze weinig tandsteen heeft en probeer ik min of meer regelmatig haar tanden te poetsen. Maar daar is zij niet enthousiast over. Ze houdt alleen van de tandpasta met kipsmaak; om op te eten, welteverstaan.

Natuurlijk maak ik gebruik van alle hulpmiddelen die er voor oude honden te krijgen zijn. Om het Shira makkelijker te maken in mijn auto te springen, heb ik verschillende opstapjes geprobeerd. Mijn keuze viel ten slotte op een inschuifbaar aluminium hellinkje van een Zwitsers bedrijf, waarover Shira veilig en zonder problemen naar boven en naar beneden loopt.

Toen de eerste tekenen van ouderdom zich aandienden, ben ik begonnen Shira's omgeving aan te passen. En moest ik met een scheef lachje constateren dat de veranderingen niet alleen mijn viervoetige vriendin het leven makkelijker maken.

Wat al een tijd in de planning zat, was de renovatie van mijn oude badkamer, die ik in een moeite door seniorvriendelijk heb gemaakt door er een gelijkvloerse douche te plaatsen. 'Nu al?' vroeg een vriendin. Ja, waarom niet? Wat ik nu kan regelen, hoef ik later niet meer te doen.

Omdat Shira moeite heeft met traplopen, heb ik mijn slaapkamer van de eerste verdieping naar de begane grond verplaatst. In die kamer is ook een directe toegang tot de tuin. Mijn huis is toch al heel geleidelijk een snoezelruimte voor mijn bejaarde dame geworden. In elke kamer ligt een orthopedisch hondenbed dat zich aan de lichaamsvorm aanpast en de gewrichten ontlast. Ik zou er bijna jaloers van worden, dus ben ik van plan om voor mezelf ook zo'n matras aan te schaffen. Toch geeft Shira meestal nog de voorkeur aan de bank, waar ze moeizaam op moet springen dan wel klauteren. Op de gladde houten vloeren heb ik antislipmatten gelegd, waarover ze makkelijker kan lopen.

Ja, je hebt veel werk aan een oude hond. Vroeger, toen ze een pup was, moest ik kleine ongelukjes opdweilen of kapot geknaagde meubels vervangen. Ergens in de toekomst zal ik opnieuw ongelukjes moeten opruimen. Maar goed, aangezien Shira nog maar weinig tanden heeft, kan ze geen meubilair meer stukbijten.

Vanmorgen ben ik zoals altijd vroeg opgestaan en heb ik twee uur geschreven. Shira lag tegen de radiator van de verwarming te slapen. Toen werd ze wakker en rekte ze zich uit.

'Nou, wil je naar buiten?' Ik zette de tuindeur open. Het regende pijpenstelen. Te nat voor mijn labradordame, die anders niet genoeg kan krijgen van water. Ze draaide zich om en besloot nog maar een dutje te doen. Maar soms, als de zon schijnt en ze uitgeslapen is, schiet haar kop omhoog zodra ik de bureaustoel naar achteren schuif en kijkt ze me met grote ogen aan.

'Wat bedoel je, wil je een stukje gaan wandelen?'

'Ja! Ja! JAAA! Ik dacht dat je het nooit zou vragen.'

De dagelijkse uitlaatrondjes zijn voor ons allebei veel meer dan een pure noodzaak. We genieten samen van de natuur en van het leven. Voor mij is elke wandeling een soort 'heilige tijd'. Een interessant Brits onderzoek van dr. Thomas Fletcher en dr. Louise Platt, '(Just) a walk with the dog? Animal geographies and negotiating walking spaces'[5], maakt aannemelijk dat een wandeling met de hond niet 'gewoon' een rondje lopen is, maar veel meer dan dat. Zo'n wandelronde zou 'een complexe activiteit' zijn die 'de zintuigen sterk activeert' en schept 'een potentieel belangrijke cultuurruimte om inzicht te krijgen in mens-dierrelaties'. Volgens Fletcher en Platt wordt de persoonlijkheid van zowel de hond als zijn begeleider zichtbaar; een gezamenlijke wandeling maakt de machtsverhoudingen tussen hond en mens duidelijk. Zo zou de toestand van de hondenlijn iets uitdrukken over de mens-hondrelatie. Losjes hangende lijnen betekenen harmonie en strakgetrokken lijnen wijzen op tegenstrijdige opvattingen over wie de leiding heeft.

Voor dit onderzoek interviewden Fletcher en Platt mensen in Noord-Engeland die regelmatig met hun hond gingen wandelen.

De meesten bestempelden de wandeling als cruciaal voor de gezondheid en het welbevinden van hun hond. Ze beleefden het niet alleen als de plicht van een verantwoordelijke hondenbezitter, het ging hun er ook en vooral om hun hond blij te maken.

Hondenbezitter Jane zei over haar wandelingen met Copper, een Afghaanse windhond: 'Het mooiste is als ik Copper over het veld zie rennen. Ik heb een keer zijn snelheid geklokt: hij haalt 41 kilometer per uur. Dan lijkt hij wel een cheeta. Wanneer ik hem zie lopen als hij zo in zijn element is, voel ik hoe gelukkig ik daarvan word.'

Natuurlijk haalt Shira een dergelijk tempo niet, ons fitnessprogramma heeft grenzen. Meestal sjokt ze aan het einde van een wat langere wandeling vermoeid achter me aan. Maar soms zet ze de sokken erin en neemt ze een tak in haar bek die ze per se mee wil sjouwen. Ze rent ermee voor me uit, gooit de tak in de lucht of laat zich erbovenop vallen en rolt erover heen en weer terwijl ze met alle vier haar poten in de lucht trappelt. Na dit soort dagen heeft ze meer tijd nodig om te herstellen. Gewoonlijk las ik dan een rustdag in met alleen een paar korte uitlaatrondjes.

Ons leven samen heeft een nieuwe dimensie gekregen. In het dagelijks leven van mensen is het tempo vaak heel hoog en ontbreekt de tijd om de kleine dingen te ontdekken. Shira brengt me ertoe om steeds weer even te stoppen en van het moment te genieten.

Mijn leven met mijn oude hond is nu duidelijk relaxter dan tijdens haar puppyperiode. Ze is opgevoed en we begrijpen elkaar met één blik. Shira is met heel weinig tevreden; ze is gewoon blij als ze bij me is. Als tegenprestatie houd ik me serieus bezig met wat zij nodig heeft en pas ik me aan haar tempo aan.

Soms, als ze heel erg loopt te treuzelen en het uitlaatrondje lijkt te stagneren omdat ze elke grasspriet die ze tegenkomt eindeloos wil besnuffelen, heb ik de neiging om haar achter me aan te trekken. 'Nou kom op, ik heb niet eeuwig de tijd.' Maar dan realiseer ik me dat er ooit in de nabije toekomst een dag komt waarop mijn enige wens zal zijn dat ik haar getreuzel nog één keer zou mogen gadeslaan. Ik leer mijn ongeduld in te tomen en tijdens de wandelingen kalmpjes aan te doen. En zo kom ik zelf trouwens ook tot rust.

In het leven van een hond ligt veel van ons eigen leven besloten. We krijgen ze als pup, de periode dat ze betoverend schattig zijn; en ons tot wanhoop drijven door schoenen en meubels kapot te bijten en er een zootje van te maken in ons huis. Dan proberen we ze goed gedrag aan te leren, wat af en toe nog lukt ook. Onze relatie verdiept zich in de loop van de tijd. En naarmate de hond op leeftijd raakt, worden de bordjes verhangen en leren wij meer van ons dier: ontspannen, plezier hebben en genieten van de eenvoudige dingen. Het leven is duidelijk beter met een hond aan je zijde.

Bejaarde honden hebben veel ervaringen opgedaan: met de jacht, met auto's, kinderen, vreemden, buren, dierenartsen, met andere honden én met katten. En ze hebben al die ervaringen in hun hondenleven geëvalueerd aan de hand van twee criteria: is het goed voor me of is het niet goed voor me?

Daarom hoef ik als hondenbezitter niet meer continu op te letten; mijn hond is in de loop der jaren heel slim geworden. Vroeger jaagde Shira graag op hazen, maar mocht ze het niet. Tegenwoordig mag ze op ze jagen, maar vangt ze er nooit een. Soms als er tijdens een wandeling een langoor voor haar neus voorbij hupt, kijkt ze een andere kant op; expres, alsof ze de prooi helemaal niet wil zien. De haas interesseert haar niet meer. Oude honden berekenen hun kansen heel nauwkeurig. Het is haar eigen ervaring, niet mijn opvoeding, die dit voorbeeldige gedrag bewerkstelligt. En omdat mijn bejaarde dame een bijna onuitputtelijke rijkdom aan levenservaring heeft, is ze op-en-top mijn droomhond. Toen ze nog een afmattend recalcitrante jonge hond was, keek ik uit naar deze tijd. Als we elkaar tegenwoordig aankijken met een blik van diepe zielsverwantschap, zie ik mezelf weerspiegeld in haar troebele ogen. Ja, mijn hond is oud. Nou en? Ze voelt de veranderingen en past zich eraan aan, zonder theatrale poespas. De ouderdom is een interessant en belangrijk onderdeel van het leven. Het is de periode waarin jij en ik als hondeneigenaars oogsten wat we een leven lang gezaaid hebben. Dus geniet ervan, net als ik.

ZORG VOOR JE ROEDEL

Mijn vriend Bob is schrijver en kersverse hondenbezitter. Onlangs was hij uitgenodigd bij de boekpresentatie van een collega, met aansluitend een cocktailparty. Daar was het een drukte en gebabbel van jewelste. Bob luisterde geduldig terwijl een collega-schrijfster hem uitgebreid over haar nieuwe boekcontract vertelde. Ten slotte kon hij eindelijk, eindelijk zíjn spannende nieuws kwijt: er was een hond bij hem komen aanlopen toen hij voor onderzoek in Spanje was. Hij had het dier mee naar huis genomen.

'Ik was zo enthousiast dat ik maar doorging met vertellen,' zei Bob later tegen me. 'Ik kon gewoon niet stoppen met praten over wat een geweldige hond hij is en hoeveel geluk ik heb gehad dat ik hem mocht adopteren.'

De collega-schrijfster had een tijdje naar hem geluisterd en vervolgens gevraagd: 'Maar je knuffelt en kust hem niet, toch?'

Ze was er kennelijk zeker van dat het antwoord nee zou luiden.

'Nou en of. Natuurlijk. De hele tijd!' antwoordde mijn vriend stralend.

Waarop de schrijfster zich terugtrok in de mensenmenigte om een gesprek aan te knopen met iemand anders.

Een paar maanden eerder zou Bob nog op één lijn met haar hebben gezeten. Honden en 'hun' mensen interesseerden hem niet of nauwelijks. Hij kon zich niet voorstellen wat die lui zo fantastisch vonden aan hun beesten. Toen kwam hij op het strand van Malaga Amigo tegen, een groezelige magere bastaard met een grijze snoet; en hij was op slag verliefd.

'Hij zag er een beetje uit zoals ik,' vertelde hij me, wijzend op zijn zilvergrijze kortgeknipte volle baard. 'Amigo had besloten dat hij bij mij hoort. Hij liep overal achter me aan. Ik kon hem toch zeker niet achterlaten.'

Door de zwerfhond kwam Bob in een compleet nieuwe wereld terecht. Hij ontmoette mensen die hij anders nooit had leren kennen; tijdens wandelingen in het stadspark of tochtjes naar het bos. Plotseling had hij, de teruggetrokken eenling, een uitgebreide familie: bijna een miljoen hondenbezitters, alleen al in Duitsland.

Als je besluit je leven met een hond te delen, begin je aan een levenslang vertaalproces. Je probeert je hond te begrijpen en omgekeerd. Je taalgebruik lijkt op dat van een volwassene die tegen een baby praat: onnozel, kolderiek gebrabbel dat alleen jij begrijpt. Zo noem ik Shira wiebelstaart, toverfee en suikermuis. Snapt ze dat? Waarschijnlijk kan het haar totaal niet schelen. Ik zou haar ook stofzuigerborstel of relativiteitstheorie kunnen noemen. Het zijn de toon en mijn gezichtsuitdrukking die ertoe doen en waardoor ze blij kwispelstaart als ik haar toespreek. Ik zou heel graag willen weten welke naam ze voor mij heeft. De deegprop achter het bureau, misschien? Er is zoveel dat ik niet weet en waar ik nooit achter zal komen.

Honden laten ons een wereld zien die zich duidelijk onderscheidt van die van mensen, een oord dat ons allemaal verandert. Word verliefd op een hond en je betreedt een heel nieuwe sfeer, een universum waar rituelen, regels en een andersoortige verhouding bestaan.

Alles verandert; soms heel langzaam, af en toe dramatisch snel. Je gaat langzamer lopen. Je hoeft je niet naar een doel te haasten, maar slentert en sjokt door de straat, want je hond moet nu eenmaal aan elk twijgje of elke lantaarnpaal snuffelen. Je draagt hondvriendelijke kleren. Vergeet je chique outfit; plompe wandelschoenen, een oude legerparka, een groot sweatshirt, en je ziet eruit als een stratenmaker. Zelfs je taalgebruik verandert. Je woordenschat is niet belangrijk, maar je toon doet het hem. Tegen je puppy praat je met een hoog babystemmetje, je bejaarde hond begroet je met een lage, geruststellende klank. Je huis ondergaat een metamorfose die aansluit op de behoeften van je hond. 's Nachts maak je al je huisgenoten wakker doordat je per ongeluk op een piepspeeltje trapt en je keukenkasten zijn tot de nok gevuld met hondenvoer, tekenshampoo en poepzakjes. Ook de gesprekken die je voert, worden anders. Als je bij vrienden aan tafel zit omdat je bent uitgenodigd voor het avondeten, draait opeens alles om voedselintoleranties, darmperistaltiek en ontvlooiingsmiddelen. Wees niet al te verbaasd als niet-hondenbezitters zich plotseling een 'belangrijke afspraak' herinneren en met dat excuus het gezelschap vroegtijdig verlaten. Op z'n laatst als jij je smartphone tevoorschijn haalt om de recentste foto's van je hond te laten zien. Je slaat een uitnodiging voor een romantisch weekend af omdat honden op de bewuste locatie niet welkom zijn. En je vroegere vrienden stellen voor om in een pizzeria af te spreken in plaats van bij jou thuis, omdat ze geen idee hebben hoe ze het hondenhaar van hun kleren moeten krijgen. Na de opmerking 'stel je niet zo aan, het is toch maar een hond' spring je uit je vel van woede en kap je misschien zelfs de vriendschap af met degene die zoiets heeft gezegd.

Ook jij hoort ongetwijfeld tot deze stapelgekke sympathieke familie, anders zou je een boek als dit niet lezen. Je hond is zo belangrijk voor je dat je alles voor hem overhebt, toch? En soms overdrijf je het een beetje, nietwaar?

Honden zijn onze familie, partners, vrienden en ja, ook surrogaatkinderen. Ze zijn roedeldieren, net als wolven. De eenzame wolf bestaat alleen in sprookjes en slechte films. En met ons mensen is het precies zo: we zijn geen kluizenaars, maar sociale wezens die afhankelijk zijn van anderen en die het gevoel moeten hebben dat ze bij een groep horen. De familie – wij dus – is voor onze viervoeters het belangrijkste. Dat verklaart ook waarom honden bij hun familie blijven, zelfs als ze daar slecht behandeld worden. Het welzijn van de groep is belangrijker dan al het andere. Wat mensen op zich nemen om voor hun harige familieleden te zorgen, daar zul je in dit boek nog veel over lezen.

Ik heb mijn hele leven honden gehad. Van Axel, de Duitse herder van mijn opa, tot de vele pleeghonden die we opnamen. Ze waren een vanzelfsprekend onderdeel van mijn leven. Wanneer je opgroeit met dieren verbind je je op een diepgaande manier met ze. Als je zegt 'ik ben met honden opgegroeid' wijst dat op een verlangen naar de zuiverheid en onschuld van je kindertijd toen de dingen eenvoudiger waren en relaties minder gecompliceerd.

Als ik aan een boek werk, schrijf ik afwisselend op verschillende plaatsen om rugpijn te voorkomen. Ik schrijf aan mijn bureau, aan de keukentafel, in de tuin en staande achter een lessenaar.

Shira ligt altijd bij me. Als ik opsta en ergens anders heen ga, waar het ook is, komt ze me achterna. Ze zoekt mijn nabijheid, zoals ook leden van een wolvenroedel dicht bij elkaar liggen. Je hebt honden die afstand nodig hebben; Shira is daar niet een van. Hoe dichter ze bij me is, hoe gelukkiger ze overkomt. Wanneer ze zich oprolt onder mijn bureau slaakt ze een diepe zucht van tevredenheid. Ze weet dat ze bij me hoort en op me kan rekenen; ik zal haar altijd beschermen. En ik weet dat ze er voor mij is. Shira kan mijn gevoelens geweldig goed peilen. Als ze haar snuit op mijn knie legt op momenten dat ik me ellendig voel, maakt dat een hemelsbreed verschil.

Honden zijn roedeldieren. Ze blijven bij hun roedel, spelen met roedelgenoten en verdedigen hun groep. Ze hebben nagenoeg dezelfde behoeften als wij: een stabiel, verrijkend partnerschap. Mensen en honden vinden het fijn dat er voor ze gezorgd wordt, maar ze hebben even sterk de behoefte om zich over anderen te ontfermen. En een hond is solidair met zijn mens. Soms kunnen we niet uitleggen waarom een hond zich tegenover verschillende mensen verschillend gedraagt. Naar het schijnt kan het dier een 'slecht' iemand herkennen en blijft het uit de buurt van die persoon.

Japanse wetenschappers wilden onderzoeken of honden een zesde zintuig hebben met betrekking tot mensen. De onderzoekers met als teamleider Kazuo Fujita, hoogleraar vergelijkende cognitie aan de universiteit van Kyoto, testten drie groepen van elk achttien honden in rollenspellen. Ze onderwierpen de honden aan twee situaties. In beide situaties waren er drie centrale figuren: het baasje en twee acteurs. In situatie één heeft de hondenbezitter een probleem, omdat hij een blik hondenvoer niet open kan maken. Hij vraagt een van de andere personen om hulp terwijl persoon nummer drie niet wordt geraadpleegd. De hond neemt hier van beide onbekende personen voer aan. In situatie twee weigert een van de medespelers het baasje te helpen het blik hondenvoer open te maken terwijl de ander toekijkt zonder tussenbeide te komen. De hond accepteert het voer van de neutrale persoon en gedraagt zich afwijzend jegens degene die zijn baasje niet wilde helpen. Alle honden vertoonden ditzelfde gedrag.

'We hebben ontdekt dat honden sociale en emotionele oordelen van mensen toepassen, onafhankelijk van hun eigen directe belang,' zegt Fujita.[6] Honden beoordelen mensen op hun gedrag jegens andere mensen. Misschien zouden wij daar een voorbeeld aan moeten nemen.

Toen een vriendin van me een potentiële echtgenoot wilde kiezen, adviseerde haar moeder haar op de volgende punten te letten: hoe rijdt hij auto? En: hoe gedraagt hij zich tegenover zijn moeder en andere vrouwen? Een wijze raad. De man met wie mijn vriendin ten slotte trouwde, heeft een rustige, niet-agressieve rijstijl en behandelt vrouwen, en met name zijn moeder, hoffelijk en respectvol.

In goede en slechte tijden

Het verbaast me steeds weer hoe weinig mensen voorzieningen treffen voor het geval ze vroegtijdig overlijden of een ernstige ziekte krijgen. Testament? Daar zijn we toch nog veel te jong voor. Euthanasieverklaring of medische volmacht? Later.

Je familie geeft je bescherming en geborgenheid. Als je een hond binnenhaalt in je roedel, beloof je stilzwijgend om voor het dier te zorgen. Dat is de basis van het wederzijds vertrouwen tussen hond en mens. En die belofte geldt zowel in goede als in slechte tijden; en tot na de dood. Je denkt er weleens over na, zij het met tegenzin, hoe het zal zijn als je hond sterft. Maar wat als jij niet meer voor je viervoetige vriend kunt zorgen? Hoe moet het dan verder met hem?

Na een gesprek met de vrijwillige hondenuitlaatster van een dierenasiel drong tot me door wat de gevolgen voor Shira zouden kunnen zijn als ik onverwachts zou overlijden of niet meer voor haar zou kunnen zorgen. De vrouw vertelde me hoe moeilijk het is om een nieuw thuis te vinden voor oude honden.

Het gebeurde allemaal bliksemsnel. Een moment van onoplettendheid, piepende remmen en het geluid van tegen elkaar knallend blik snerpte door de winterse stilte. Niemand in de andere auto had het ongeluk overleefd. Alleen Rotti, de tienjarige rottweiler die uit de wagen werd geslingerd, had geluk. De politie bracht hem eerst naar de dierenarts die zijn verwondingen verzorgde en vervolgens naar het dierenasiel. Niemand van de familie van de slachtoffers wilde de hond hebben. 'We hebben geen tijd om voor de oude hond van onze ouders te zorgen,' zeiden ze.

In het asiel maakten ze zich geen illusies. Honden die ouder dan twee jaar zijn, hebben weinig kans om een nieuw thuis te vinden. Verweesde dieren worden vaak als onadopteerbaar bestempeld omdat ze zo wanhopig zijn. Ze willen niet eten en tonen weinig interesse in hun omgeving. Ze 'verkopen' zichzelf niet goed. En het is nog lastiger om een baasje te vinden voor oude en zieke honden en al helemaal voor honden die op 'de lijst' staan, rassen die officieel als gevaarlijk worden geclassificeerd. Aan het houden van de laatstgenoemde groep, de zogeheten vechthonden, zijn speciale voorwaarden verbonden. Tot die groep hoort ook de rottweiler, althans in een aantal Duitse bondsstaten. Na het trauma dat Rotti had doorstaan, ging hij dus een onzekere duistere toekomst tegemoet. Zijn wonden werden behandeld, maar psychisch was hij eenzaam en verward. Hij wist niet wat er gebeurd was. Hij zat dag in dag uit te wachten en te hopen dat zijn baasjes hem zouden komen ophalen.

Hij kreeg een plek in een verblijf op de achterste rij. In de verblijven naast hem zaten oude of moeilijk onder te brengen honden met lege ogen, die het al hadden opgegeven. Op bezoekersdagen was het lawaai voor Rotti bijna ondraaglijk. In de voorste rij hokken zaten de jonge honden en pups, die blaften, piepten, jankten en tegen de tralies op sprongen. Ze deden alles om de aandacht van de bezoekers op zich te vestigen. Het was alom bekend dat je door een bevallige, oerschattige uitdrukking op je snoet het hart van de tweevoeters kon veroveren.

Soms kwam iemand bij Rotti's verblijf en keek op het bordje dat op de deur van het hok hing: *Rottweiler 'Rotti', 12 jaar, gecastreerd, geen gedragsproblemen*. Eén keurende blik op de hond die in de verste hoek van zijn verblijf opgerold en apathisch op een deken lag en die niet eens een poging deed om de geïnteresseerde te begroeten. Rotti rouwde in stilte. Er was weer een dag voorbij, weer was hij over het hoofd gezien en had hij kostbare tijd van leven verloren.

In het verblijf naast hem lag een vijftienjarige cockerspaniël, een teefje. Zo nu en dan hief ze haar kop op als er bezoekers langskwamen en keek ze hen met troebele ogen aan. In een verpleeghuis veertig kilometer verderop zat haar vroegere eigenaar in zijn leunstoel voor zich uit te staren. Hij was dement en herinnerde zich zijn viervoetige maatje en hun jarenlange vriendschap niet meer. Soms merkte hij wel dat hij iets miste. Hij voelde een soort verlangen, iets van verdriet, maar hij wist niet wat het was.

Het is een gevoelig onderwerp waar slechts weinig mensen zich mee bezig willen houden, maar het hoort bij het leven en bij onze plichten als hondenbezitter: voorzieningen treffen voor onze roedel. Ik wilde absoluut niet dat mijn hond ooit in een asiel zou eindigen. Ik moest voorzorgsmaatregelen nemen.

De meeste mensen denken niet aan de mogelijkheid én de noodzaak van die maatregelen. Toch gaan we allemaal ooit dood, en sommigen van ons worden misschien ernstig ziek of raken gehandicapt. Wat gebeurt er dan met onze dieren? Door een gebrek aan planning kunnen ze bij vreemden belanden of overgeleverd zijn aan een onzekere toekomst. Natuurlijk wensen we ze het een noch het ander toe. Een beetje vooruitdenken en een paar voorbereidingen vergroten de kans dat iemand zich over hen ontfermt als wij er niet meer zijn.

Voor mezelf heb ik alles al op orde gebracht. Ik heb sinds jaren een testament, een euthanasieverklaring en een medische volmacht, die ik om de twee of drie jaar update. Stel dat zich een noodsituatie voordoet, dan bespaart die gedegen voorbereiding me stress en ze voorkomt dat er verkeerde beslissingen worden genomen. Nadat ik voor mezelf alles tot in de details had vastgelegd, werd het tijd om ook voor mijn hond alles zo goed mogelijk te regelen.

Mijn vriendin Corina, van wie ik Shira ooit cadeau kreeg, heb ik tot haar 'peetmoeder' benoemd. We zijn mondeling al een hele tijd geleden overeengekomen dat zij in geval van nood mijn hond in huis neemt. Shira houdt van haar en is graag bij haar.

Zoals altijd als ik belangrijke dingen aan mijn hoofd heb die ik voor mezelf helder moet krijgen, heb ik dit met Shira besproken. Per slot van rekening ging het vooral om haar.

Ik ging naast haar zitten en keek haar aan. 'We moeten praten.' De gevreesde openingszin waarbij veel mannen hun ogen ten hemel slaan. Shira bleef kalm. Voor haar was dit bekend.

'Nou,' begon ik, 'het is serieus en het gaat ons allebei aan.' Het woordje serieus leek voor mijn hond geen bezwaar te zijn. Ze rolde op haar rug en liet me over haar buik krauwen.

'Stel je voor dat mij ooit iets overkomt...'

'Hè?' Shira rolde zich terug op haar zij.

'Ik bedoel, ik zou kunnen verongelukken. En dan ben jij alleen.'

Nu had ik haar aandacht. 'Wát zeg je?'

'Er kan altijd iets gebeuren. Als ik er niet meer ben, ben jij alleen en heb je niemand meer.'

'Niemand? En oma dan? Of de buurman?'

'Laten we even aannemen dat zij je niet voor lange tijd in huis kunnen nemen. Dan moet je dus naar het asiel.'

Shira's ogen werden groot. 'Asiel? Zo'n je-weet-wel-plek waar overal blaffende honden in kooien zitten?' We waren een keer met een vriendin van me meegegaan die een asielhond wilde adopteren.

'Ja, precies, dat bedoel ik. Kun je je dat voorstellen?'

'Hmmft!' Shira's niet mis te verstane antwoord op alle vragen die ze onbelangrijk vond en dat zoiets als ammenooitniet betekent.

'Snap ik helemaal. Alleen moeten we er dan wel over nadenken waar jij in geval van nood naartoe kunt. Bij wie wil jij graag zijn?'

'Bij jou.'

'Oké, maar behalve bij mij; bij wie zou je je verder nog op je gemak voelen? Want weet je, jij bent ook niet meer de jongste.

En oude honden worden meestal niet meer geadopteerd. Dus je zou het moeilijk kunnen krijgen.'

Shira keek me afwachtend aan.

'Wat vind je ervan om dan naar Corina te gaan?'

Toen Shira de naam van mijn vriendin hoorde, begon ze te kwispelstaarten.

'Super! Nu meteen? Kom op, dan gaan we.'

'Nee, niet nu. Ooit een keer. Misschien.' In gedachten voegde ik eraan toe: hopelijk nooit.

Zo eindigde ons gesprek, en ik ging achter mijn bureau zitten om een en ander op te schrijven.

Allereerst is het belangrijk dat in een noodsituatie überhaupt iemand weet dat mijn hond hulp nodig heeft. Dat geldt vooral voor singles zoals ik. Als niemand weet dat ik een hond heb, moet ze het misschien dagenlang zonder voer of water in huis uithouden; een akelig idee.

Een politieagent heeft me ooit over een poedel verteld wiens tweeëndertigjarige baasje op een dag niet meer thuiskwam. De man was zomaar verdwenen en is nooit meer opgedoken. De hond was twee weken alleen in huis voordat een buurman de politie inschakelde, die het dier bevrijdde.

Ik begon dus met systeemkaartjes maken. In hoofdletters schreef ik: *Belangrijke informatie!* En daaronder: *Dringend verzoek: bij een ongeluk graag contact opnemen met de volgende personen, zodat zij voor mijn hond kunnen zorgen.* Dit gevolgd door de adressen en telefoonnummers van twee mensen die zich al bereid hadden verklaard om in geval van nood voor Shira te zorgen.

Eén van de kaartjes heb ik in het mapje gestopt waar mijn rijbewijs in zit en een ander ligt in het dashboardkastje van mijn auto.

Via internet heb ik knalrode huisdieren-noodhulpstickers gekocht, waarop je het aantal huisdieren dat je hebt en je mobieletelefoonnummer kunt schrijven. Eén sticker heb ik op de voorruit van mijn auto geplakt. De andere twee op de voor- en achterdeur van mijn huis.

En nu maar weer verder met het schrijven van instructies over wie in geval van nood voor Shira moest zorgen. Ik heb verschillende opvangadressen: mijn ouders, mijn buren en Corina. Natuurlijk heb ik dit allemaal van tevoren met de 'crisisopvangouders' besproken en in mijn testament vastgelegd wie Shira zogezegd erft.

Toen ik nog als advocaat werkte, wilde een hondenbezitter, een kankerpatiënt die niet lang meer te leven had, in zijn testament laten vastleggen dat men zijn honden na zijn overlijden moest laten inslapen. Hij was ongerust over hun welzijn. 'Beter dood dan in het asiel,' zei hij. Gelukkig konden we het samen anders oplossen en hebben we voor de honden adoptieouders gevonden. Door dit voorval realiseerde ik me ook hoe belangrijk het is dat je je hond van het begin af aan vertrouwd maakt met andere mensen bij wie hij zich op zijn gemak voelt. Al vind je het misschien moeilijk om de liefde van je dier te delen, het is in het belang van je trouwe viervoeter.

Om te zorgen dat alle potentiële peetouders op tijd belangrijke informatie krijgen, heb ik een aparte envelop 'Hond' gemaakt en die bij mijn testament gevoegd. Er zit een kopie in van Shira's vaccinatiepaspoort met adres en chipnummer, plus de lijst medicijnen die ze regelmatig nodig heeft en informatie over haar ziektes. Behalve dat, nog een briefje met haar voorkeur voor bepaald voer – bij een labrador betekent dat alles – en welke commando's ze kent en gehoorzaamt. Bij Shira heb ik *doof* opgeschreven en *ze let op visuele tekens en gebaren* en bij bijzonderheden heb ik geschreven *zwemt graag*.

Het is nooit makkelijk om stil te staan bij je eigen dood, en nog moeilijker om erover na te denken wat er met je huisdieren gebeurt die achterblijven. Maar toen eenmaal alles geregeld was en ik voorzorgsmaatregelen voor mijn roedel had genomen, voelde ik me opgelucht. Shira zal er ergens in de toekomst niet onder hoeven lijden dat ik niet op tijd aan haar heb gedacht.

Ik kom tijdens onze wandelingen regelmatig een oude vrouw tegen met een rollator en een bastaardherdershond aan de lijn. Ze lopen allebei heel, heel langzaam. De hond mag in een brede berm onaangelijnd lopen. Die twee ontroeren me. Ze komen over als een goed op elkaar ingespeeld koppel. Op een dag heb ik de vrouw aangesproken. Terwijl ik de hondensnacks uit mijn jaszak eerlijk tussen onze twee honden verdeelde, kreeg ik het verhaal te horen over dit ongewone stel. Herdershond Alba is acht jaar en heeft ernstige artrose. Ze krijgt regelmatig een pilletje tegen de pijn. Haar vrouwtje is tweeëntachtig. De dochter van de oude vrouw had Alba drie jaar geleden uit het asiel gehaald. Toen de dochter overleed en de hond terug zou moeten naar het asiel, protesteerde de oude dame daartegen en besloot het dier te houden. Sindsdien is Alba bij haar nieuwe eigenares. Als zij de hond een keer niet kan uitlaten, neemt de rest van de familie de taak over. Qua tempo heeft Alba zich aan haar nieuwe vrouwtje aangepast en ze is een heel vriendelijke hond. Het paar is duidelijk een perfecte match. Ze houden rekening met elkaar. Alba heeft geluk gehad, want veel dierenasiels staan niet toe dat een bejaarde een van hun dieren adopteert; ook geen oude honden.

En dat terwijl het beslist de moeite waard is oude asielhonden te laten adopteren door ouderen. Met name omdat die liever geen jonge, energievretende hond meer willen opvoeden. Het tijdvenster van bejaarde mensen is nu eenmaal begrensd, ze zijn niet meer zo actief en kunnen misschien ook eerder de kosten opbrengen voor de dierenarts. Maar deze honden gaan een diepe, innige band aan met hun mens, omdat ze door een diep dal zijn gegaan. Ze hadden de hoop op een nieuwe familiegroep al opgegeven. Ze genieten van elke snipper aandacht, elke aai, hun comfortabele eigen hondenmand en hun eigen voer- en waterbak. Het idee dat je oude honden niet meer kunt opvoeden en dat ze het moeilijk vinden om aan een nieuw leven te wennen klopt niet. Juist deze honden nemen hun kans waar en zetten alles op alles om door hun nieuwe familie geaccepteerd te worden. Wie ooit een oude hond heeft geadopteerd weet dat ze lieve, rustige maatjes zijn. Alleen krijgen ze veel te weinig gelegenheid om dat te bewijzen.

Gelukkig zijn er inmiddels steeds meer internetsites die bemiddelen tussen twee- en viervoetige bejaarden, zoals bijvoorbeeld in Duitsland het Omnihunde-Netzwerk.[7]

Als het om het welzijn van je roedel gaat, ontkom je er niet aan om het ook over geld te hebben.

Een hond kost in de loop van zijn veertienjarige leven tussen de twaalf- en zeventienduizend euro.[8]

Dierenbezitters besparen het minst op de gezondheidskosten van hun oogappeltjes. Een onderzoek van de universiteit van Göttingen laat zien hoeveel baasjes en vrouwtjes uitgeven aan hun dier: in 2013 hadden alleen dierenartsen alleen al een jaaromzet van ongeveer twee miljard euro met de behandeling van huisdieren. De verkoop van medicijnen voor huisdieren leverde ongeveer vijfhonderd miljoen euro op. Hondenbezitters investeren het meest in hun dier, op nummer twee staan katteneigenaren, gevolgd door de baasjes van kleine dieren, vogels en reptielen.

Het aantal potentiële patiënten is gigantisch: volgens gegevens van de branchevereniging huisdierenbenodigdheden zijn er op dit moment een kleine tien miljoen honden in Duitsland en dit aantal stijgt. Als ze ziek worden, zijn er voor hun behandeling pillen, druppels of injecties voorhanden. Bijna negentig procent van de hondenbezitters gaat volgens het onderzoek regelmatig en minstens een keer per jaar naar de dierenarts.[9]

Voor veel mensen zijn huisdieren hun goede vrienden en het belangrijkste oriëntatiepunt in hun leven. Ze zouden er alles voor overhebben om hun dier niet kwijt te raken. Maar de zorg voor een oude, zieke hond kan algauw erg duur worden. Als een hond meerdere operaties ondergaat, kunnen de kosten oplopen tot de prijs van een kleine auto. De eigenaar kan zelfs gedwongen zijn een lening af te sluiten.

Het consumententijdschrift *Ausgerechnet* van de Westdeutscher Rundfunk gaat uit van tweehonderd euro per jaar voor routineonderzoek, wat ongeveer 2.800 euro in één hondenleven is. Volgens onderzoek door het tijdschrift moet je rekening houden met gemiddeld vijf grotere operaties, dus dan kom je uit op maar liefst 6.600 euro. Dat lijkt een realistische aanname te zijn. Als een hond geen operatie nodig heeft, moet je toch rekening houden met eventuele langdurige ziekten.[10]

Toen vorig jaar bij Shira vier kiezen operatief verwijderd werden, kostte me dat vijfhonderd euro. Gelukkig had ik toen ze een pup was al een ziektekostenverzekering voor honden voor haar afgesloten; die dekte de kosten van de operatie. Ik vind dat behalve de speciale aansprakelijkheidsverzekering voor hondeneigenaars een ziektekostenverzekering er gewoon bij hoort als je een hond hebt.

Soms komen we er op een pijnlijke manier achter wat echt belangrijk is. Bijvoorbeeld als we door bepaalde levensomstandigheden financieel aan de grond zitten en niet meer weten waar we het hondenvoer van moeten betalen. Als freelance schrijfster heb ik zelf al een paar keer meegemaakt dat ik moest kiezen tussen benzine tanken en voer voor mijn hond. Dan bleef mijn auto dus gewoon staan.

Vooral bij daklozen kan zoiets hard aankomen, omdat hun hond de enige is die ze nog hebben. Lothar leeft met zijn oude bastaardhond Lupo op straat in Frankfurt am Main. Lupo is Lothars alles. De hond houdt zijn baasje warm, beschermt hem en maakt hem blij. Trots strekt Lothar zijn onderarm naar me uit waarop aan de binnenkant Lupo's naam en geboortedatum zijn getatoeëerd. Toen zijn hond ziek werd, was Lothar aanvankelijk radeloos. 'Ik had het geld niet voor een dierenarts. Maar ik wilde wel dat Lupo beter werd.' Gelukkig kwam Lothar er op tijd achter dat in Frankfurt een sociaal dierenhulpcentrum is. Daar kon hij met Lupo naartoe voor een gratis diergeneeskundig onderzoek voor daklozen en anderen die onder de armoedegrens leven. De spreekuren vinden plaats op het politiebureau en worden door dierenartsen uitgevoerd op vrijwilligersbasis. De kosten van vaccinaties en operatieve ingrepen worden door sponsors en andere donateurs gedekt. Lothar is heel gelukkig dat het weer goed gaat met Lupo. Zachtjes en beschaamd bekent hij me dat hij zelfs een van zijn nieren illegaal had willen verkopen, alleen om zijn viervoetige kameraad te helpen. Het is maar goed dat dat niet nodig was. Lothar en Lupo hebben geen onderdak en geen geld, maar ze hebben elkaar. En dat is uiteindelijk het enige wat telt.

Bij zorgen voor onze roedel hoort ook dat we in moeilijke tijden een betrouwbare partner zijn. En omdat ik weet dat ik Shira goed verzorgd achterlaat, kan ik me volledig concentreren op ons hopelijk nog lange leven samen.

KIJKEN MET JE HART

Op de foto boven mijn bureau zie je de Buckskin Gulch in Arizona, een zesentwintig kilometer lange bergkloof in het zuidwesten van de Verenigde Staten. De canyon is een populaire fotolocatie. De metershoge rode zandsteenwanden van de kloof tonen karakteristieke draaiingen en welvingen die talloze overstromingen gedurende duizenden jaren hebben gevormd. De rotsformaties lijken bij de juiste lichtval en met een beetje levendige fantasie op allerlei verwrongen wezens en eigenaardige voorwerpen. Op de voorgrond van de foto ligt op de bodem van de canyon een hond in het zand. Het is een red heeler, een Australische herdershond met een kortharige roodachtig gespikkelde vacht. Ik heb de foto boven mijn bureau gehangen, omdat hij me sterk aanspreekt. Waarom? Omdat de hond opgerold en gewikkeld in een warme dikke slaapzak vast ligt te slapen. Hier was iemand die zoveel van zijn hond hield dat hij het dier warm heeft ingepakt.

Jerry, een vriend van me uit Arizona, zag de foto in een backpackerskrantje. Hij scheurde de pagina eruit en stuurde hem naar mij. En meteen riep het plaatje iets bij me op. Een weldadig gevoel van liefde en zorgzaamheid en een soort herkenning.

Ik wilde meer te weten komen over de achtergronden van de foto. Na vier weken intensief speurwerk had ik de fotograaf gevonden. Jesse Selwyn mailde me de originele foto en vertelde zijn verhaal:

'Dit is Livy (zie p. 8 in het fotokatern), de hond van mijn broer. Ze is een kruising van een boxer en een red heeler en zes jaar oud. We hebben haar vier jaar geleden uit een dierenasiel gehaald. Ze is een superlieve, levendige hond en heeft ons bij veel wandelingen en fietstochten vergezeld. Deze wandeltocht door de Buckskin Gulch hebben mijn vrouw, mijn broer en ik gemaakt in de eerste week van november 2016. Normaal gesproken kun je binnen twee dagen door de canyon lopen. De eerste dag moesten we door heel veel tamelijk grote waterpoelen waden en soms zelfs zwemmen. Het water was ijskoud. Aan het einde van die dag waren we allemaal – inclusief Livy – compleet doorweekt en verkleumd. We hadden voor onszelf droge kleren bij ons, maar niet voor Livy, die onophoudelijk rilde. Dus hebben we haar in onze slaapzak gestopt. Ze werd algauw weer warm en viel binnen een paar minuten in slaap. Deze foto is een mooie herinnering aan onze wandeltocht.'

Een bemodderde uitgeputte hond slaapt warm toegedekt en ingestopt in een donzen slaapzak. Altijd als ik naar de foto kijk, ben ik ontroerd en voel ik me onzichtbaar verbonden met deze hondenbezitter. Een band die voortkomt uit de liefde, warmte en zorg die we onze dieren elke dag geven. Een band die betere mensen van ons maakt.

Veel heiligen worden afgebeeld met een aureool rond of boven het hoofd. Honden worden met een onzichtbare aureool geboren. Als een hond een kamer vol mensen binnenloopt, krijgt hij onmiddellijk ieders aandacht (en glimlach). En dat blijft zo zolang hij daar is. Zelfs op een bruiloft.

Tom en Melinda stonden op het punt elkaar in een kerk het jawoord te geven toen hun hond Boomer erin slaagde door de kier van de kerkdeur naar binnen te sluipen en naar het altaar te sjezen om daar dansend en piepend van vreugde het bruidspaar te begroeten. Alle aanwezigen moesten lachen. De predikant onderbrak de huwelijksvoltrekking en liet de hond naast zijn baasjes liggen terwijl hij de ceremonie afrondde. Toen de kerk uitging, droeg Boomer tot groot vermaak van de vrienden en familie het bloemenmandje van de bruid in zijn bek.

Ik kan me geen leven zonder hond voorstellen. Als ik voor mijn werk op reis ben en Shira niet kan meenemen laat ik haar achter onder de hoede van mijn ouders, die met liefde een compleet 'wellnessarrangement' voor haar verzorgen. Toch valt het afscheid me altijd zwaar. Ik geef haar wel tien kussen op haar natte hondensnuit en bezweer haar: 'Het duurt echt niet lang, ik kom snel weer terug!'

Dan ben ik weg, vaak ver weg, en wat doe ik? Ik ga op zoek naar honden. Zodra ik er een gespot heb die ook maar een klein beetje op mijn eigen hond lijkt, storm ik op de nietsvermoedende hondenbezitter af. 'Aaaaah... wat een prachtige hond! Mag ik hem aaien?' En ik zit al op mijn knieën, helemaal in extase, en laat de vreemde hondentong mijn bril poetsen. Ik begraaf mijn gezicht in onbekende hondenvacht en kijk vervolgens met vochtige ogen op. 'Sorry, hoor. Maar ik mis mijn eigen hond heel erg.'

Begripvol knikje. Ook al verstaan we elkaars taal misschien niet, hier geldt de universele taal van liefde en verlangen. Ik heb ook vaak aan de andere kant van de hondenlijn gestaan en een vreemde mijn hond laten aaien. En hoe denkt Shira daarover? Het enige wat zij begrijpt is dat iemand haar aait en vertelt hoe mooi ze is. Als de vriendelijke labrador die ze is, vindt ze dat in principe geweldig.

Als ik zonder mijn hond op pad ben, zie ik o-ver-al labradors; in het voetgangersgebied van een grote stad, in een restaurant, in een warenhuis. Wanneer ik vrienden die zelf geen hond hebben vol enthousiasme aanstoot en als ik wijs: 'Zie je die hond daar? O, wat een schatje!' levert me dat niet-begrijpende blikken en schouderophalen op. Selectief kijken, zo noem je dit zien met je hart. Als ik van huis ben zonder Shira, blijft mijn verlangen naar honden soms binnen de perken door ze simpelweg gade te slaan.

Maar oké, het kan ook gebeuren dat ik op slechts vijf minuten afstand van huis een hond bij de supermarkt om de hoek zie en dat ik op mijn hurken voor het pand ga zitten om de sympathieke viervoeter te aaien die op zijn winkelende eigenaar zit te wachten.

Als ik op pad ben geweest om een lezing te houden en door mijn ouders en Shira wordt opgehaald, hetzij van de luchthaven hetzij van het treinstation, is mijn hond de enige die ik in de mensenmenigte zie. Mijn blik is zuiver op haar gefocust, op elk detail, terwijl ze nieuwsgierig en geconcentreerd op de grond zit. Ze kijkt alle reizigers smachtend aan en snuffelt af en toe kort. Geen bekend geurtje. Tot ze mij ontdekt, en dan is ze niet meer te houden. Ik val op mijn knieën en Shira stort zich in mijn armen en overdekt mijn gezicht met hondenkussen. Dat is geluk. Om ons heen glimlachende gezichten.

Honden stralen een innerlijk licht uit dat mensen gelukkig maakt. En of het nu op luchthavens, treinstations of in voetgangerszones is; wij hondenliefhebbers 'herkennen' elkaar. Tijdens een gesprek over honden opent het gordijn van terughoudendheid, waarachter ik me nogal eens verstop, en vertrouw ik opeens wildvreemden, omdat we één ding gemeen hebben: de hond. We spreken een gemeenschappelijke taal, leven in hetzelfde universum waarop deze aanhankelijke viervoetige lieverds hun stempel drukken. We zijn niet alleen.

Als schrijfster en wolvenexpert word ik vaak uitgenodigd voor een interview of een talkshow, meestal samen met Shira. Als ze dan aan mijn voeten ligt te kwispelstaarten naar de op haar af rijdende camera's, tovert ze een brede glimlach op de gezichten van de cameraploeg. Maar dan geldt ook de aloude slagzin van de media-industrie: breng een hond mee en de inhoud van de show doet er niet meer toe, want iedereen heeft uitsluitend aandacht voor de hond.

Dat de interactie met honden tot positieve emotionele reacties leidt, is bekend. Honden houden je gezond; hun nabijheid vertraagt doorgaans de hartslag en verlaagt de bloeddruk. En ze maken je meetbaar gelukkig, omdat de oxytocinespiegel (het zogeheten liefdes- of knuffelhormoon) in je bloed stijgt als je een hond aait.

Wij hondenbezitters hebben dit soort wetenschappelijke bewijzen niet nodig, we hoeven alleen maar onze ogen open te houden. Er zijn momenten in het leven dat ons hart opengaat en we ons diep en intiem met alles verbonden voelen. Zoals die keer op een caféterras in een grote stad.

Ik zit met drie vrienden en in totaal vijf honden op het terras. De honden liggen ontspannen naast hun eigenaars en slaan de passerende tweevoeters gade; soms klopt een van de staarten blij op de grond, waarom en vanwege wie is ons niet duidelijk.

De meeste mensen die naar de honden kijken, glimlachen. Sommigen komen dichterbij en aaien ze, kinderen hurken bij ze neer. Ons tafeltje bevindt zich midden in een gouden liefdesbubbel. Dat ik geen van de voetgangers chagrijnig of afwijzend naar ons zie kijken, ligt waarschijnlijk aan mijn 'selectieve blik'.

Selectief kijken is een psychologisch fenomeen. Het betekent dat we keuzes maken bij het waarnemen; we pikken alleen bepaalde aspecten uit de omgeving op en andere dingen niet.

Onze visuele wereld is één onvergelijkelijke grandioze illusie. Als jij 's morgens tijdens het ontbijt de krant leest, hetzij op je tablet, hetzij in de gedrukte editie, weet je dan rond twaalf uur 's middags nog welk artikel je hebt gelezen, los van de krantenkoppen? Weet je het niet meer? Je hebt gekeken zonder waar te nemen. Dat gebeurt ons allemaal vele keren per dag en het wordt *inattentional blindness* genoemd. Je neemt dingen alleen in je op als je er bewust je aandacht op richt.

Iedereen die autorijdt, kent het. Je rijdt 's ochtends naar je werk en vraagt je bij aankomst af hoe je hier opeens bent aanbeland. Wat je onderweg bent tegengekomen of wat je kort opviel, weet je niet meer.

Tijdens mijn rechtenstudie heb ik een college strafrecht gevolgd. Midden in het betoog van de professor kwam diens secretaresse even binnen om hem iets te laten ondertekenen. Aan het eind van het college zei de professor: 'Daarnet heeft mijn secretaresse me een papier gebracht om te ondertekenen. Herinneren jullie je haar nog? Kunnen jullie de vrouw beschrijven?'

Stilte. De meesten van de studenten hadden de vrouw weliswaar 'gezien' maar niet waargenomen. De beschrijvingen waren heel uiteenlopend: lang, klein, blond, zwart haar... Sommigen dachten zelfs een man gezien te hebben. En wij realiseerden ons toen pas echt hoe onbetrouwbaar ooggetuigenverklaringen zijn.

Wij mensen houden ons bezig met wat voor onszelf actueel en belangrijk is. Wie honger heeft ziet overal restaurants of etende medemensen. Een zwangere vrouw zal in een mensenmassa abnormaal veel kinderwagens zien, hoewel het aantal helemaal niet afwijkt van wat gebruikelijk is. De hersenen filteren wat we zien en laten ons de wereld waarnemen zoals het ons op dat moment uitkomt. Vandaar dat hondenbezitters vooral veel andere mensen met honden zien. En nu ik zelf een oude hond heb, vallen de grijze snoeten me werkelijk overal op.

Mijn tai-chicursus vindt op warme zomeravonden plaats in het stadspark. Regelmatig duikt daar een oude ruwharige hond op. Hij gaat aan de rand van het grasveld liggen en kijkt naar ons. Soms, als we ons allemaal eendrachtig omdraaien in zijn richting, kwispelt hij volledig ontspannen met zijn staart. Hij observeert ons intensief en belangstellend en straalt zoveel positieve energie uit dat de cursisten ondanks alle concentratie toch moeten glimlachen.

In de aanwezigheid van honden ervaren we een spiritueel contact met ze. We spreken dezelfde taal en begrijpen elkaar zonder woorden; we zijn met hen verbonden door de blik in hun ogen en door het aaien van hun fluweelzachte vacht.

Dieren leren je buiten de beperkingen van woorden te leven, je open te stellen voor andere vormen van bewustzijn, jezelf op andere ritmes af te stemmen en te kijken met je hart.

WEET WAT BELANGRIJK IS

'Dat kun je niet maken! Je kunt toch niet overal de brui aan geven vanwege je hond. Wat mankeert jou?'

Ja, wat mankeerde me? Ik had mijn vriendenkring zojuist laten weten dat ik mijn wolvenonderzoek tot nader order wilde uitstellen. Een kwarteeuw lang was ik meerdere keren per jaar naar Amerika gevlogen om in Yellowstone wilde wolven te observeren. Ik had wolvenreizen georganiseerd, in het natuurpark als gids gewerkt voor Duitse toeristen, boeken over wolven geschreven, lezingen over wolven gehouden en wolvenworkshops geleid. Door mijn activiteiten rondom wolven had ik gelijkgestemde vrienden en vriendinnen gevonden en een sociaal netwerk opgebouwd. De wolven hadden mijn leven verrijkt: persoonlijk, intellectueel en zeker ook financieel. Dat gaf ik nu allemaal op. Waarvoor? Voor mijn hond.

De afgelopen paar jaar was ik me er met elke vliegreis naar Amerika steeds ietsje pijnlijker van bewust geworden dat ik niet veel tijd met Shira meer had. Ik was vergeten hoeveel korter haar leven was vergeleken met het mijne.

In de zomer van 2005, toen mijn vriendin Corina de beweeglijke pup met de pientere bruine oogjes in mijn armen legde, vernauwde mijn wereld zich tot dit ene wezentje; en breidde hij zich tegelijkertijd oneindig uit. Als alles goed ging, stonden me vijftien gelukkige jaren met deze hond te wachten.

Drie jaar later maakte ik Shira's persoonlijke Walk of Fame in de kelder van mijn huis. Ik drukte haar poot in een vers gegoten betonplaat en schreef er het jaartal 2008 bij. Nog zoveel tijd...

In 2013, tijdens een vakantie in Zuid-Tirol, raakte ik met andere toeristen in gesprek. Een echtpaar bewonderde mijn hond en aaide haar. De vrouw vroeg hoe oud ze was.

'Acht,' antwoordde ik.

'O? Al acht? Nou, dan zal ze binnenkort wel doodgaan, hè?' luidde het opvallend fijngevoelige commentaar van de man. Hun honden waren allemaal tien jaar geworden. Ik gaf hun lik op stuk door te vertellen dat *mijn* honden allemaal vijftien en zestien waren geworden. Maar ik was wel geschrokken, want met acht jaar waren we toch echt al op de helft. Nog maar acht jaar!

Aan het eind van elk jaar voer ik een persoonlijk ritueel uit: ik kijk terug op het afgelopen jaar. Wat was er goed aan dit jaar, wat niet? Wie heb ik gekwetst en waarvoor ben ik dankbaar? Tot slot wijd ik mijn nieuwe agenda in. Ik zet er nieuwe afspraken in en verjaardagen en werk mijn adressenboek bij door de gegevens van vrienden en kennissen te schrappen met wie ik geen contact meer heb. De afgelopen jaren heb ik steeds meer adressen van vrienden moeten doorstrepen. Ze waren in de loop van het jaar overleden. Bij sommigen was ik graag nog een keer langsgegaan. Te laat.

Toen ik in 2016 op een formulier *Shira, 11 jr.* schreef, besefte ik dat er een duidelijke limiet zat aan de tijd die we nog samen hadden en dat ik in die beperkte periode ook echt bij haar wilde zijn. Ik moest iets veranderen. Plotseling was alles glashelder. Wat vroeger belangrijk leek betekende nu veel minder voor me. Mijn prioriteiten waren veranderd. Ik wilde de laatste paar jaar die Shira nog had, met haar doorbrengen en er voor haar zijn, zoals ze er ook altijd voor mij was geweest. Amerika en de wolven zouden er over vijf jaar nog steeds zijn, maar Shira niet.

Mijn andere honden hadden me nog vergezeld naar en in Amerika. Klops (zie p. 66-67), mijn eerste eigen hond, vloog mee naar Vancouver, Canada, waar ik studeerde en drie maanden met hem in een camper woonde. Lady, mijn tweede hond (zie p. 2-3 in het fotokatern), heb ik gevonden in een Amerikaans dierenasiel. Voor we naar Duitsland terugvlogen, hebben we een halfjaar kriskras met de auto door de vs gereden. Maar Shira heb ik nooit meegenomen op een vliegreis. Ik wil haar de trans-Atlantische vlucht niet aandoen, daar is ze te gevoelig voor. Misschien ben ik met de jaren ook wel voorzichtiger geworden.

In de vs is het lastig om met een hond te reizen. Er zijn nauwelijks hotels en maar weinig vakantiehuisjes waar dieren welkom zijn. In restaurants zijn honden taboe en in natuurparken moet je viervoeter in principe aan de lijn en mag hij alleen langs de weg met je meelopen. Dus heel weinig vrijheid voor wandelingen in het achterland.

Wanneer ik mijn zelf georganiseerde wolvenreizen begeleidde of toen ik als gids in Yellowstone werkte, kon ik mijn hond ook niet meenemen. Niet iedereen die een dure verre reis boekt, is bereid zich op een harige reisgenoot in te stellen. Nee, voor Shira was het veel fijner om bij mijn ouders te logeren.

Maar nu wilde ik niet langer afstand van haar doen. Mijn prioriteiten waren veranderd. Toen kwam mijn laatste vliegreis naar Montana. Ik pakte mijn koffers weer. Shira lag in haar mand en sloeg me argwanend gade. Ze had zich neergevlijd op een lichte schapenwollen deken, waarmee ze bijna versmolt. De bruine ogen volgden al mijn bewegingen. Ik stopte met inpakken en ging naast haar zitten. Zachtjes aaide ik over haar kop terwijl zij genietend haar ogen sloot.

'Dit is de laatste keer,' beloofde ik haar. 'Ik meen het. De allerlaatste keer.'

Deze hele reis was ik in gedachten voornamelijk thuis bij Shira. Foute instelling, want juist de wolven hadden me al die jaren geleerd hoe belangrijk het is in het hier en nu te leven.

Maar het verlangen naar mijn hond was sterker. Ik werd wakker met Shira in mijn hoofd en denkend aan haar viel ik 's avonds in slaap. Als ik observeerde hoe de wolven elkaar begroetten of met elkaar speelden, dacht ik: net als Shira. Voor het eerst sinds jaren was het afscheid van Yellowstone makkelijk. Het zou niet voor altijd zijn. Voor mij was tijd niet belangrijk meer; behalve om me er continu aan te herinneren dat ik naar huis moest, naar Shira. Hoe bestond het dat een hond mijn leven beheerste? Dat ik niet vrij meer was en toch wist dat ik ware vrijheid had gevonden?

Ik deed alles van de hand wat ik nog bezat in de VS, zegde mijn Amerikaanse bankrekening op en haalde mijn onderzoeksapparatuur uit de bergruimte van het parkbeheer. Daarna nam ik afscheid van mijn Amerikaanse vrienden en beloofde hun dat ik terug zou komen als mijn hond niet meer leefde; hopelijk niet al te snel, bad ik in stilte.

Toen ik met een enorme vracht bagage op Frankfurt Airport arriveerde, wachtten mijn ouders en Shira me op voorbij de douanecontrole. Ik zakte op mijn knieën en genoot van de stormachtige hondenbegroeting. De wereld was weer in orde. Ik had alles goed gedaan.

Ook al verlang ik tegenwoordig af en toe naar 'mijn' wolven, ik heb geen ogenblik spijt gehad van mijn besluit. Shira en ik hebben nu meer tijd samen en ik leer het leven in kleinere stukjes op te delen en te genieten van al die tijdsmomenten. De tijd samen met mijn hond is de intensiefste tijd van mijn tegenwoordige bestaan, waarin ik elke minuut niet alleen onvoorwaardelijke liefde ontvang, maar die ook geef.

Wij hondenliefhebbers betalen allemaal een prijs. De prijs van verliefd worden op een levend wezen waarvoor het leven zoveel korter is dan voor ons.

Pasgeleden ontmoette ik een jong stel met een labradorpup. Ik werd helemaal warm vanbinnen. 'Acht weken,' antwoordde de man trots op mijn vraag hoe oud het hummeltje was. Ik aaide de zachte puppyvacht en keek in het hondensnoetje met de grote ogen en de babyplooien. 'Geniet ervan,' zei ik. 'De tijd dat ze klein zijn gaat veel te snel voorbij.'

Heb ik zelf echt genoten van Shira's puppytijd of had ik het te druk met mijn pogingen om alles goed te doen? Met haar opvoeden tot de perfecte hond? Een pup brengt een hoop leven in de brouwerij en vergt zoveel inspanning dat je er soms helemaal niet aan toekomt om even te stoppen en dat kleine beweeglijke wonder op waarde te schatten.

Toen het stel met de jonge hond verder liep, herhaalde ik in gedachten: geniet ervan. Over veertien of vijftien jaar, of misschien wel eerder, zal deze ukkepuk jullie hart breken. Tot dat moment zal hij jullie hele leven beheersen met zijn geblaf en zijn kwispelende staart, zijn geur en zijn manier van zwemmen. En hoe hij dan plotseling trager wordt... precies als jullie zelf beseffen dat je niet echt meer in de bloei van je leven bent.

Veel hondeneigenaars slaat de schrik om het hart als op een gegeven moment tot hen doordringt dat hun hartendief oud begint te worden. Vreemd genoeg word je je er meestal eerder van bewust dat je hond oud wordt dan dat je zelf op leeftijd begint te raken.

Wat kunnen we doen? Moeten we verlamd van schrik bij de pakken neer gaan zitten, ach en wee roepend omdat de tijd vliegt, en wachten op de dood? We weten niet wanneer die komt. Het kan vandaag zijn of morgen. Of pas over zeven of acht jaar. Daar hebben we geen invloed op. Wat we wel kunnen doen is ons leven ten volle leven en het koesteren. Elk ogenblik met onze viervoeter tot het dierbaarste moment van ons leven maken. Want dit moment is het enige dat telt. Jezus heeft ooit gezegd: '...waar je schat is, daar zal ook je hart zijn' (Mattheus 6:21). Let op de volgorde: ons hart volgt onze schat, niet andersom. Jammer genoeg leggen te veel mensen hun hart in de verkeerde dingen. Maar echt blijvende voldoening vind je niet in vergankelijke zaken, maar in iets wat ware vreugde en een zinvol doel belooft. Dat zijn je familie, je vrienden en de waarden waarin je gelooft. Oude honden hebben bijna dezelfde behoeften als wij. Ze willen bovenal dat iemand van hen houdt en dat zij iemand hebben om van te houden. Hun liefde voor hun mens is zo sterk dat ze een vriendelijk woord of complimentje van het baasje meer op prijs stellen dan hun voer.

Dat bewijst een experiment van Gregory S. Berns van de Emory University in Atlanta, Georgia.[11] De wetenschapper en zijn team hebben onderzocht hoe de hersenen van honden reageren op verschillende beloningsstimuli. De dieren worden zodanig getraind dat ze vrijwillig in een MRI-apparaat stappen en daar rustig blijven liggen terwijl de scan wordt gemaakt. Wat trouwens op zich al een geweldige prestatie is van die honden. Iedereen die ooit weleens in zo'n tunnelvormige MRI-ruimte heeft gelegen, kent de herrie die het apparaat produceert. Voordat de scan gemaakt werd, hadden de vijftien hondendeelnemers geleerd drie voorwerpen met specifieke resultaten te associëren. Een roze speelgoedauto betekende eten, een blauwe ridder stond voor een mondeling compliment van het baasje of vrouwtje en een haarborstel betekende dat de hond een beloning kreeg. Vervolgens testten de onderzoekers welke van de voorwerpen het beloningscentrum van de honden het sterkst activeerde.

Uit de resultaten bleek dat honden beslist niet uitsluitend gaan voor een lekkere snack. De meeste dieren prefereerden vriendelijke woorden van hun eigenaar boven eten. Ook een gedragsonderzoek bevestigde deze voorkeur. Daarbij moesten de honden in een eenvoudige doolhof kiezen tussen twee paden: het ene pad leidde naar iets lekkers en het andere naar het baasje of vrouwtje, die hun hond bij aankomst enthousiast lof toezwaaiden.

'Hieruit blijkt hoe belangrijk het is om honden een verbaal compliment te geven; een sociale beloning heeft mogelijk een betekenis voor hen vergelijkbaar met die voor mensen,' luidde Berns commentaar op de uitkomsten van zijn onderzoek.

Honden hebben zich als geen ander dier op ons ingesteld. Ze herkennen onze emoties en kunnen zelfs onze blikken interpreteren. De wetenschap dat voor een gulzige labrador een verbaal compliment misschien wel belangrijker is dan eten, zou ons mensen enorm trots moeten maken. Het heeft er alle schijn van dat we in onze relatie met honden een en ander heel goed gedaan hebben.

En wij geven ze liefde in het kwadraat terug door veel voor ze op te geven, plus dat we bereid zijn om heel wat voor ze te doen. Dat blijkt ook uit de reeks lezersreacties van eigenaars van oude of zieke honden, die me hebben geschreven toen ik hun in mijn online nieuwsbrief vroeg om hun verhaal te vertellen.

Ulrichs oude hond Linda heeft een afkeer van sneeuw. Door een dikke laag sneeuw de tuin in lopen om te poepen ervaart ze als een beproeving. Maar Ulrich woont in Beieren, waar vaak sneeuw ligt. 'Ik moet elke winter met de sneeuwschep complete straten uitgraven – inclusief kruispunt en rotonde – om madame zover te krijgen dat ze neerhurkt om te poepen. Allemaal voor de hond.'

Mijn vriendin Annelie heeft een bedrijf. Ze heeft haar twee oude asielhonden Max (zie p. 22-23 in het fotokatern) en Juma haar nieuwe auto laten 'uitkiezen'. De bejaarde honden moeten gemakkelijk kunnen instappen. Dus ging Annelie met haar man en twee honden langs bij verschillende eersteklas autodealers van Porsche tot Mercedes; en ze stond erop dat de honden de auto's daadwerkelijk uitprobeerden. 'De verkoper verschoot van kleur toen de zwarte Max zich uitstrekte op de witleren bekleding van de Mercedes E-klasse,' giechelt Annelie nu ze eraan terugdenkt. Maar als hij een Porsche Cayenne kan slijten wil een dealer zoiets kennelijk wel op de koop toe nemen.

Anja, het vrouwtje van bastaardsledehond Olmo ging nog verder. Ze kocht speciaal voor Olmo een gelijkvloers huisje met een grote tuin op het platteland, volledig aangepast aan de behoeften van de hond en perfect geschikt voor hem om er te genieten van zijn laatste levensjaren. Natuurlijk zijn dit extreme voorbeelden. Maar ze laten zien hoeveel we ervoor overhebben om onze honden gelukkig te maken.

Hoewel daar eigenlijk helemaal niet veel voor nodig is. Vorig voorjaar ben ik met Shira op vakantie naar zee gegaan. Ik was bekaf vanwege mijn werk en had dringend behoefte aan een time-out. Ik had een lastminutevakantiehuisje in Denemarken geboekt. Daar zou ik me compleet aan mijn bejaarde dame wijden en me aan haar aanpassen. Vakantie à la Shira, dat was mijn plan.

Ik heb haar geobserveerd. Zelfs een yogi zou jaloers op haar zijn. Als ze moe was sliep ze; ook midden in een druk restaurant. Als ze wilde spelen nam ze haar balletje in haar bek en mikte het in mijn schoot, welk tijdstip van de dag het ook was. Als ze dorst had dronk ze, als ze honger had ging ze net zo lang met díé blík voor me staan tot ik zuchtend opstond en haar voer klaarmaakte. Na een lange strandwandeling spreidde ik een deken uit in een beschutte hoek op het terras van ons huisje, waar we ons koesterden in de zon. Ik rook de zee, hoorde de branding, voelde de zonnestralen op mijn gezicht en de warme vacht van mijn hond onder mijn hand. Mmmm... beter kon het niet worden.

De Denen horen volgens het *World Happiness Report* al vele jaren tot de gelukkigste mensen ter wereld. Hun toverwoord *hygge* is inmiddels trendy geworden en betekent zoiets als knusse geborgenheid. Voor mij waren deze vakantiedagen perfecte hondenhygge.

JE HOEFT NIET PERFECT TE ZIJN

Ze heten Quasimodo, Sweepee Rambo en Icky – wat zoiets als smeerkees betekent – en ze hebben één ding gemeen: ze zijn wat je volgens de huidige maatstaven oerlelijk zou noemen. Stoppelig of kaal, tandeloos, met veel te grote oren, een tong die altijd uit de bek hangt of twee totaal verschillend gekleurde ogen. In tegenstelling tot de vele gelijkvormige tijdschriftfoto's van puppy's die jou en mij gegarandeerd in vervoering brengen, hebben deze dieren unieke, expressieve en zelfs mensachtige trekjes. Een terriër met snorharen steekt zijn tong uit, wat hem tot dubbelganger van een beroemde schalkse oude natuurkundige maakt. Een kroesharige hond knijpt zijn ogen dicht en geeft een scheve grijns ten beste; hij ziet eruit als een wispelturige puber.

Quasimodo en zijn kameraden zijn aanwezig bij een jaarlijks evenement in Californië waar een van hen plechtig tot de lelijkste hond ter wereld wordt uitgeroepen. De hoofdprijs: vijftienhonderd dollar. In 2017 was de winnares Martha, een driejarige teef van het ras mastino napoletano.[12] De zevenenvijftig kilo wegende Martha lag tijdens de prijsuitreiking luid snurkend te dutten en was totaal niet onder de indruk van de hele poppenkast om haar heen. De jury koos haar vanwege haar 'schattige voorkomen, haar plompe tred en haar hangwangen'. Terwijl ik op internet beelden van de andere deelnemers bekijk, weet ik eerlijk gezegd niet of ik haar nou echt lelijk of misschien op een of andere manier wel degelijk schattig moet vinden.

De organisatoren van het evenement grijpen elke gelegenheid aan om te benadrukken dat ze de honden niet belachelijk willen maken met deze wedstrijd. De bedoeling is juist om hulde te brengen aan de schoonheid van alle dieren, los van hun graad van vermeende perfectie. Zoals de meeste honden op de deelnemerslijst van 2017 is ook Martha afkomstig uit een dierenasiel.

Veel van deze honden hadden waarschijnlijk geen kans gemaakt om geadopteerd te worden als niet die ene warmhartige persoon op hun pad was gekomen. Iemand die hun uiterlijk onbelangrijk vond en met zijn of haar hart naar ze heeft gekeken. Willen we niet allemaal dat er op die manier van ons wordt gehouden?

Honden maken zich geen zorgen om hun uiterlijk. Ze vergelijken zichzelf niet met andere dieren. Kun je je een labrador voorstellen die wilde dat hij de oren van een foxterriër had? Of een buldog die een greyhound zou willen zijn, een poedel die jaloers is op de lange, niet kroezende manen van een collie? Wij mensen hebben er kostbare tijd en veel geld voor over om ons uiterlijk te veranderen, onszelf te optimaliseren en te perfectioneren. En dan zijn we ongelukkig en gefrustreerd omdat we niet beantwoorden aan onrealistische schoonheidsidealen en te hoge maatstaven voor succes. We willen het ideale figuur en de perfecte make-up in plaats van waardering te hebben voor onze heel eigen gelaatstrekken. Ik kijk graag naar echt oude mensen. Heb je weleens nauwlettend naar het gezicht van een honderdjarige gekeken? Zoals dat door al die jaren doorgroefd en getekend is, weerspiegelt het het leven. Het is alsof je naar een markant schilderij kijkt dat automatisch de aandacht op zich vestigt. Daarbij vergeleken is een perfect gezicht ronduit saai.

In haar boek *Dog Years: Faithful Friends, Then & Now* portretteert Amanda Jones dertig honden.[13] Ze heeft elk hondengezicht twee keer gefotografeerd. Eén keer als pup, een plaatje dat op de linkerpagina is afgedrukt, terwijl een foto van het bejaarde dier op de rechterpagina prijkt. Het fascinerende is dat de eigenheid van de dieren in al die tijd niet veranderd is, maar zich op hun oude dag zelfs nog verdiept. Honden aan het begin en het einde van hun leven. Wat hen verbindt, is hun blik.

De snoeten van oude honden zijn niet inwisselbaar: ze hebben wratten en afgebroken of ontbrekende tanden. Enkele dieren zijn blind geworden; kortom alle tekenen van zowel een volop geleefd leven als de strijd met de ouderdom.

Ook mijn Shira is op haar dertiende niet meer de aanbiddelijke hondenbaby die iedereen op straat wilde aaien, godzijdank. Al is ze voor mij natuurlijk nog steeds de mooiste hond op aarde, een levend kunstwerk, een constante reminder aan het buitengewoon mooie ontwerp van de natuur en een schoonheid op vier poten. En zij? Zij wil niets anders zijn dan wat ze is: een retriever. Het zit in haar genen. Als ik een bal ver weggooi, rent ze erachteraan. Ze brengt hem prompt naar me terug, laat hem in mijn hand vallen en wacht tot ik hem weer weggooi. Haar instinct zorgt ervoor dat ze niet stevig toehapt of de kaken op elkaar klemt als ze een voorwerp in haar bek heeft. Retrievers werden gefokt om tijdens de jacht eenden uit het water te halen zonder die te beschadigen. Ze zijn voorbestemd om te zwemmen en te apporteren. Shira is tevreden met zichzelf en probeert niet iets anders te zijn. Ik heb haar er niet op getraind. Voor haar is waterwerken even natuurlijk als ademhalen. Ik kan haar niet midden in een schapenkudde neerzetten en verwachten dat ze de dieren bij elkaar drijft. Ze is geen herdershond en zal dat ook nooit worden, net zomin zal ze ooit een slee trekken.

Hondenbezitters hebben tegenwoordig hoge verwachtingen van hun dieren. Ze moeten er goed uitzien, onmiddellijk gehoorzamen en iedereen moet hen lief vinden. Het is een zware druk die we de dieren – en onszelf – hierdoor opleggen.

Shira is mijn derde eigen hond. Bij Klops, mijn eerste, had ik er nog geen idee van hoe je een hond traint en heb ik zo'n beetje alles fout gedaan. Hij heeft een heel vrij, onafhankelijk leven geleid; om de strapatsen van een recalcitrante, moeilijk opvoedbare hond vriendelijk te beschrijven. Hoe dan ook heb ik aan mijn (en zijn) fouten niet erg zwaar getild. Toen Lady kwam, had ik al wat bijgeleerd en heb ik geprobeerd het opvoedkundig beter te doen. En Shira? Die moest perfect worden. Mijn ervaring was dat ze alle belangrijke dingen in het eerste jaar moest leren, zodat ik de daaropvolgende twaalf tot veertien jaar kon ontspannen. Dus ging ik met Shira naar een puppytraining, daarna naar een trainingsgroep voor jonge honden en hebben we tot slot een apporteertraining gevolgd. Ze kreeg nieuwe namen: Shira-nee en Shira-ga-van-de-bank. Toen kwam ze in de puberteit en was haar harde schijf van de ene op de andere dag gewist. Niets werkte meer. Maar ook dat ging voorbij.

Ten slotte had ik de perfecte droomhond, maar was ik zo afgemat van al dat opvoeden dat ik amper van haar perfectie kon genieten. Pas toen ik de teugels liet vieren en af en toe een foutje door de vingers zag, hadden we weer plezier met elkaar. En de regels veranderden. De 'honden mogen niet op de bank'-regel werd 'ze mag best op de bank als haar deken erop ligt'. Inmiddels heeft mijn hond haar eigen fauteuil waar ze ook op haar hoge leeftijd nog redelijk goed in kan komen.

Op een gegeven moment na Shira's uitputtende eerste levensjaar heb ik mijn opvoedingsconcept opgegeven. Ze beheerst de belangrijkste commando's (Stop! Hier! Zit! Blijf!) om zich veilig en betrouwbaar in deze wereld te bewegen. Dat is genoeg. Niemand hoeft permanent door tekens en signalen aangestuurd te worden, of zelf een ander wezen aan te sturen. Ook wolven voeden hun welpen niet zo op. Nee, de jonge wolfjes mogen hun eigen ervaringen opdoen en fouten maken, maar moeten ook de eventuele consequenties dragen. Dat heb ik ooit een keer geobserveerd bij een wolvenfamilie in Yellowstone.[14] Een jonge wolf maakte zijn familie al dagenlang gek door tijdens familie-uitstapjes constant te treuzelen; er viel altijd wel iets te besnuffelen of te ontdekken dat belangrijker was dan bij zijn roedel blijven. Zijn familie wachtte een paar keer op hem tot hij ze had ingehaald. Maar op een gegeven moment was het afgelopen. De wolven liepen verder en lieten de kleine dromer achter. Toen die merkte dat hij de aansluiting kwijt was, raakte hij in paniek en begon lang en aanhoudend te huilen om ze terug te roepen. Dat had vroeger altijd gewerkt, maar deze keer was het tevergeefs. Pas aan het einde van de dag kwam de wolvenfamilie de zichtbaar opgeluchte dreumes ophalen. Die had zijn lesje geleerd en bleef voortaan bij de groep.

Zo werkt opvoeden volgens de wolvenmethode. De jonge wolf wordt niets verboden, hij mag zijn eigen ervaringen opdoen en op die manier leren dat elke actie en elk gedrag consequenties hebben. En uiteindelijk heb ik ook Shira op z'n wolfs opgevoed. Ik wilde per slot van rekening geen kleine robot, maar een hond die creatief, vindingrijk en zelfstandig is. Een dier dat gelijkwaardig is aan mij.

Tegenwoordig ben ik blij wanneer Shira op haar bejaarde leeftijd eigenwijs is; als ik roep en mijn hond me straal negeert. Vroeger was dat selectieve doofheid. Inmiddels is ze echt doof. En als ze toch een keer achter een haas aan stuift, ben ik enthousiast. Yes! Ze kan nog rennen als ze wil; ook al drijft haar potentiële prooi de spot met mijn oude dame. Op de rijpe leeftijd van twaalf jaar heeft ze voor het eerst een worst van de keukentafel gestolen. Hoe heeft ze dát nou voor elkaar gekregen?

Ik ben blij dat Shira niet meer in alle opzichten perfect is, want juist dat maakt haar zo... tja, hoe zal ik het zeggen? Menselijk is het woord dat bij me opkomt. Ik ben er trots op dat ze goed opgevoed is en ik haar overal mee naartoe kan nemen. Maar ik hou het meest van haar als ze lekker haar eigen ding doet.

Moeten honden echt perfect zijn? De eisen die we aan onze huisdieren – en aan onszelf – stellen, verschillen en hangen af van de omstandigheden. In sommige periodes komt het erop aan dat we functioneren. Daarna kunnen we ons ook weer een keer ontspannen en het niet al te nauw nemen met plicht en discipline. Er zijn belangrijker dingen dan perfectie.

Helaas ben ik zelf een enorme perfectionist en sta ik mezelf daardoor nogal eens in de weg. Het schrijven is vaak een gevecht, omdat ik de lat te hoog leg. Een manuscript is nooit goed genoeg. Ik ben er altijd van overtuigd dat ik het nog veel beter had kunnen schrijven. Als het boek een succes wordt, kan ik er nauwelijks van genieten. In plaats van gewoon blij te zijn, kijk ik met een schuin oog naar de bestsellerlijst of naar het aantal sterren dat mijn boek op Amazon in de wacht sleept en ben ik chagrijnig als ik daal op de ranglijst. Bij elk nieuw boek zet ik mezelf weer onder druk; het moet minstens even goed worden als het vorige. Zo ontneem ik mezelf maar al te makkelijk de vreugde over mijn succes. Ik klaag steen en been dat ik 'vroeger' vrijer en creatiever was, toen ik zonder druk te voelen gewoon voor de vuist weg iets kon schrijven, en heb niet door dat ik mezelf tot slaaf maak door naar een perfectie te streven die ik nooit zal bereiken. Ik meet de waarde van mijn prestatie af aan anderen en vereenzelvig de door de buitenwereld bepaalde waarde met mijn eigenwaarde. En zo raak ik verstrikt in een altijddurende wedstrijd, met een tegenstander die ik nooit kan verslaan.

Schrijfster Julia Cameron schrijft in haar boek *The Artist's Way*:[15] 'Perfectionisme is jezelf geen toestemming geven om vooruit te komen.'

Het perfecte boek zal er nooit komen. Ik moet accepteren dat een manuscript op een bepaald punt in de tijd het best mogelijke boek is. Dan moet ik stoppen met schrijven en doorgaan met het volgende project. Loslaten is een belangrijk onderdeel van creativiteit.

De laatste tijd zijn er steeds meer mensen die streven naar volledige zelfoptimalisatie. Ze willen minder slapen, productiever werken, beter leven, gezonder en gelukkiger zijn, een fijne relatie hebben en efficiënter met hun tijd omgaan. Om dat doel trouw te blijven, onderwerpen ze zichzelf vierentwintig uur per dag aan strikte controle met behulp van technologie. Ze dragen sensors op hun lichaam, downloaden programma's en apps op hun laptop en op hun smartphone voor het gunstigste resultaat. Ze hebben 's nachts zelfs een hoofdband om die hersenactiviteit meet, zodat ze 's ochtend op hun smartphone kunnen zien of ze goed geslapen hebben en uitgerust (lees: productief) zijn.

Maar zelfs onder fanatieke *self-optimizers* is sinds een tijdje een nieuwe trend ontstaan: *cheat day*,[16] oftewel sjoemeldag. Vooral bij diëten maak je het minder zwaar voor jezelf als je je zelfdiscipline beloont door een keer per week een sjoemeldag in te lassen. Op die dag mag je dus de teugels laten vieren en lekker smikkelen om daarna weer zes dagen af te zien. Het interessante is dat mensen die tijdens het diëten een sjoemeldag inlasten toch afvielen en op de lange termijn gezonde eetgewoonten hebben ontwikkeld.

Daar moest ik aan denken toen ik met Shira in een ijssalon zat en me mijn spaghetti-ijs goed liet smaken. Aan het tafeltje naast ons zaten drie vrouwen met elkaar te babbelen. Een van hen keek met een wat depri blik naar de mok groene thee die voor haar op tafel stond, terwijl ze over haar nieuwe dieet vertelde: 'Geen suiker, geen vet, geen koolhydraten. Ik ben al tien kilo afgevallen,' verkondigde ze, en ze klonk toch wel een beetje triomfantelijk. Ik was behoorlijk onder de indruk, maar dat gold kennelijk niet voor haar vriendinnen.

'En waar doe je het allemaal voor?' vroeg de ene. 'Je ziet er niet echt gelukkig uit.' Vervolgens schepte ze haar ijslepel vol vanille-ijs, hoopte er slagroom bovenop en zette met puntige vingers een amarenakers op de top van dit kostelijke ijsbergje.

'Stel je voor,' vervolgde ze, 'dat je maandenlang afziet van zoiets lekkers als dit om slank en mooi te worden... En dat je op een dag de deur uitgaat en door een vrachtwagen wordt overreden.'

Ze liet de lepel voor de neus van haar vriendin door de lucht heen en weer zweven voor ze hem in haar eigen mond schoof. 'Hmmm.' Ze smakte vergenoegd en zei toen: 'Dan had je toch beter dat ijsje kunnen eten?' De drie vrouwen keken elkaar aan en proestten het uit. Terwijl zij een derde ijscoupe bestelden, liet ik Shira haar bolletje vanille-ijs oplikken waar ik haar steevast op trakteer als ik naar de ijssalon ga.

Honden hebben niet de ambitie om de slankste, de mooiste en de beste te zijn. Ze zijn tevreden met de talenten die de natuur ze heeft gegeven. Dat maakt hun leven eenvoudig en overzichtelijk. Niemand van ons is perfect. We hebben allemaal wel een of ander mankement of een tic. Nou en. Is dat niet precies wat ons speciaal maakt, in plaats van doorsnee?

Shira hinkt af en toe. Dat doet ze al zo lang ik me kan herinneren. Waarom ze hinkt is me tot op heden een raadsel. Tijdens een wandeling is het weer eens zover. Twee vrouwen met nordicwalkingstokken blijven staan en kijken medelijdend naar haar. 'O jeetje, wat zielig. Is hij gewond?'

'Nee, zíj is niet gewond. Ze heeft een tic,' antwoord ik terwijl ik Shira's zijdelingse bestraffende blik negeer.

Als de twee verder lopen, zeg ik tegen haar: 'Het is toch zo? Je hebt een tic.'

'Echt niet!'

'Echt wel!'

'Echt niet!'

'Nou, toch wel. Daarnet nog. Je probeerde al lopend met je linkerachterpoot je linkerschouder te krabben en tegelijkertijd verder te lopen. Je weet best dat dat op drie poten niet lukt.'

'Pffff...'

'Heb je daar jeuk?' Ik krab haar schouder en ze drukt zich behaaglijk tegen mijn hand aan.

'Nope!'

‘Weet je nog hoeveel geld ik aan een paar verschillende dierenartsen heb betaald om er door allerhande diagnostische methoden achter te komen of je iets mankeert? Ze hebben allemaal gezegd dat je geen reden hebt om jezelf te krabben. En toch doe je het. Dus heb je een tic. Heel officieel.’

Als Shira een mens was, zou ze haar schouders ophalen en verder lopen. ‘Oké, mij best, dan heb ik een tic. Je ziet maar hoe je ermee omgaat.’

‘Maar weet je, ik hou ook van je mét je tic, of misschien juist vanwege je tic.’

Een belangrijke oorzaak van het verlangen naar perfectie is de wens dat anderen van je houden; we denken dat we met onze fouten en gebreken niet goed genoeg zijn. Honden denken dat niet. Ze zijn gewoon zichzelf. Misschien kunnen ze daarom zo makkelijk genegenheid tonen. Ze willen niet imponeren, maar simpelweg liefde geven. Voor hen zijn we perfect zoals we zijn; onvolmaakt, feilbaar en met een heleboel eigenaardigheden en het toch altijd waard om van te houden.

Het gaat erom dat jij en ik inzien dat het niet onze kwaliteiten, ons uiterlijk of onze prestaties zijn die ons leven betekenis geven, maar de diepgang en oprechtheid van onze relaties met de mensen en dieren om ons heen.

Ik heb ontzettend veel van mijn echte menselijke leven aan mijn neus voorbij laten gaan, omdat ik probeerde perfectie te bereiken. Inmiddels weet ik dat perfect ook veilig, compleet beheerst en gereguleerd betekent. Saai, dus. Vandaar dat ik me nu meer tot chaos en schitterende onvolmaaktheid aangetrokken voel. Je eigen tekortkomingen accepteren betekent echt zijn in plaats van de schijn ophouden. Het komt erop neer dat je in het (bijna revolutionaire) idee gaat geloven dat deze wereld op zich mooi en kostbaar is en dat je hem niet hoeft op te leuken om hem te ‘verbeteren’.

Daarom duikel ik met Shira de wereld in zoals hij is. We zitten in het zand, hossen en springen in de regen en luisteren naar het geritsel van droge bladeren die de wind over het trottoir blaast. Hier en nu. Wie wil er nou perfectie als hij de kans heeft om echt te zijn, met een open blik en een open hart?

NERGENS SPIJT VAN

Tijdens het ontbijt lees ik de plaatselijke krant en kijk ik ook de overlijdensberichten door op de laatste pagina. Is er iemand gestorven die ik ken? Komt mijn geboortejaar al dichterbij in de rouwadvertenties? Of loopt het niet zo'n vaart?

Deze ochtend valt mijn oog op een bericht met in de eerste regel: '...en we dachten dat we nog zoveel tijd hadden'. Ik slik en werp een snelle blik op Shira, die ligt te snurken in haar mand. Treurig als mensen zich in het hier en nu niet volop kunnen ontplooien. Dat ze in plaats daarvan plannen maken voor later en dat er vervolgens geen later meer is. Ik weet niet hoe oud de overledene was. Ik zie geen geboortejaar, maar die eerste regel past niet bij een grijsaard, dus moet hij nog relatief jong geweest zijn. Bij de familie die achterblijft, overheerst het verdriet over wat nog had kunnen zijn; de vreugde en dankbaarheid voor wat ze samen met de overleden man hebben beleefd.

De Australische Bronnie Ware heeft een bestseller geschreven, getiteld: *Als ik het leven over mocht doen.* [17] Ze werkt als stervensbegeleider van terminale patiënten; een aantal van hen hebben teruggeblikt op hun leven en verteld waar ze spijt van hadden of wat ze anders zouden doen. De belangrijkste vijf inzichten:

1. Blijf trouw aan jezelf in plaats van te leven zoals anderen van je verwachten.
2. Werk niet te hard.
3. Uit je gevoelens.

4. Hou contact met je vrienden.
5. Gun jezelf meer geluk.

De schrijfster vertelt in haar boek over Grace, die nooit in staat was geweest haar leven in eigen handen te nemen en trouw aan zichzelf te zijn. Toen ze stervende was, vond ze het onverdraaglijk dat ze zich tijdens haar leven had laten tiranniseren door haar man, alleen om naar buiten toe de schijn op te houden van een goed functionerend huwelijk. Voor wie? Die vraag stelde ze zichzelf pas toen het al te laat was.

Gerhard, een vriend van me, heeft zijn vrouw verloren aan kanker. Hij was diepbedroefd dat hij altijd zijn werk als excuus had aangevoerd om niet met haar te praten terwijl zij dat zo graag wilde. En hij had grote spijt dat het hem nooit gelukt was zich open en eerlijk tegen haar uit te preken, al had zij daar hevig naar verlangd.

Vragen oude honden zich weleens af waarom ze dit of dat gedaan of niet gedaan hebben? Nee, waarschijnlijk niet. Ze leven in het heden. Alle hondenbezitters weten dat het juist daarom zo zinloos is om Bello te straffen als je thuiskomt van je werk en ziet dat hij je nieuwe pantoffels in hapklare stukjes heeft gescheurd. Hij zou de link tussen zijn verboden kauwfeestje en de straf helemaal niet begrijpen. Een hond hoeft nergens spijt van te hebben. Hij is de zelfacceptatie ten voeten uit. Wij mensen kwellen onszelf te vaak met 'had ik maar' of 'was ik maar', met name als we beseffen dat onze tijd beperkt is.

Met Lady, de voorgangster van Shira, had ik al grootse plannen. Lange wandelingen samen, maandenlange gezamenlijke time-outs. Maar er kwam altijd weer iets tussen. *Life is what happens to you while you're busy making other plans*, zoals John Lennon al zong.

Met Shira wilde ik het anders aanpakken, tenslotte had ik met deze pup nog alle tijd van de wereld. Toen werd ook Shira ouder en vóór elke jaarwisseling beloofde ik haar dat we in het nieuwe jaar samen echt heel leuke dingen zouden gaan doen. Misschien geen huttentochten dwars door de Alpen meer, maar er waren nog een heleboel andere spannende excursies te bedenken.

En weer 'gebeurde' het leven. Ik liet me wekenlang kidnappen door mijn wolvenonderzoek in Yellowstone in de VS. Intussen bracht Shira de tijd door bij mijn ouders. Lezingen, werkgroepen, ik was heel veel op pad; en miste mijn hond hevig. Dat ik vreemde honden mocht knuffelen was een kleine troost, maar meer ook niet. En nu? Nu is Shira onherroepelijk te oud voor urenlange wandelingen. Ik zou de tijd ontzettend graag nog een stukje terug willen draaien.

Maar het is zoals het is. Ik kan alleen het heden veranderen. En dat heb ik gedaan, zodra het in volle hevigheid tot me doordrong hoeveel tijd met Shira ik door mijn vingers had laten glippen.

Ik ben gestopt met mijn baan als advocaat om me met wolven bezig te gaan houden. Niet alleen omdat ik extreem teleurgesteld was in mijn werk, maar ook omdat ik me aan het eind van mijn leven niet wilde afvragen waarom ik mijn dromen niet had waargemaakt.

Leven betekent: nergens spijt van hebben. Als ik vandaag dood neer zou vallen, zou ik deze wereld verlaten met een glimlach, omdat ik mijn leven ten volle heb geleefd. Ik heb pieken en dalen gekend, die me bij elkaar opgeteld op het punt gebracht hebben waar ik nu ben. Natuurlijk betreur ik een en ander in mijn leven, vooral dat ik mensen heb achtergelaten en sommigen met wie ik nauw contact had, heb gekwetst. Ik zou niets liever doen dan hun om vergeving vragen. Maar bij sommigen kan dat niet, omdat ze niet meer leven. En hoe ouder ik word, hoe minder gelegenheid ik nog heb om de dingen weer goed te maken.

Ik zou graag een gesprek aangaan met mensen die mij gekwetst hebben en hun vragen naar het waarom. Maar veelal kan ik de moed niet opbrengen, of ze zijn al overleden of verhuisd, of ze willen misschien helemaal niet met me praten. Dus zit er uiteindelijk niets anders voor me op dan hen in stilte te vergeven.

Nergens spijt van willen hebben en mijn dromen waarmaken was ook de reden dat ik me ooit in het grootste avontuur van mijn leven heb gestort. Dat was toen ik halsoverkop verliefd werd op een volslagen vreemde en hem achterna ben gereisd tot diep in de wildernis van Minnesota.[18] Ik had Greg in een wolvenwerkgroep ontmoet en zijn leven midden in een wolven- en berengebied zonder elektriciteit en stromend water, trok me onweerstaanbaar aan. Die man leefde míjn droom. Zo had ik me mijn eigen leven altijd voorgesteld. En ik ging naar hem toe.

Ik woonde bijna een jaar lang samen met mijn wildernisman, alleen onderbroken door korte vliegreisjes terug naar huis om mijn bezoekersvisum niet in gevaar te brengen. Het was een onnoemelijk hard leven vol ontberingen, maar tegelijkertijd ook zo mooi dat mijn adem nog steeds stokt als ik eraan terugdenk. Momenten zoals de nacht bij min dertig graden in een slaapzak in de sneeuw onder het dansende noorderlicht terwijl de wolven zongen, of de vele nabije ontmoetingen met wilde wolven, wogen op tegen alle negatieve ervaringen.

Op het laatst brak het dagelijks leven met Greg me op. Zijn koppige weigering compromissen te sluiten, de wrijving tussen ons en de draaikolk van geweld waarin ik met hem terechtkwam, dwongen me de wildernis te ontvluchten.

Maar het ergste was voor mij dat ik mijn toenmalige hond Lady niet bij me had. Ik kon misschien wel een aantal weken in Amerika doorbrengen zonder haar, maar Lady voor altijd moeten missen, was voor mij uitgesloten. Greg wilde niets van honden weten; dus geen hond onder zijn dak. Einde discussie. En ik was voor hem gezwicht.

Minnesota en mijn leven midden in de natuur hebben me voor altijd betoverd. Ik weet nu dat ik niet zozeer verliefd was op Greg als wel op het leven dat hij leidde. Hij symboliseerde een droom voor me die ik wilde waarmaken. Ik wilde net als schrijver en natuuronderzoeker Henry David Thoreau de bossen in gaan om 'bewust te leven, de eenvoudige feiten van het leven te ervaren en met bepaalde zaken zonder onnodige weerstand in het reine te komen'. Ik wilde ontdekken wie ik was, wat me dreef, waar mijn grenzen lagen en hoever mijn vermogen om de natuur te observeren al ontwikkeld was. Ik wilde net als Thoreau 'niet alleen de opkomst en ondergang van de zon, maar de natuur zelf ervaren'. Door Greg kon ik deze droom verwezenlijken en ten slotte wist ik vanbinnen heel zeker dat ik dit leven zo niet wilde.

Ik weet nu dat de realiteit van leven in een blokhut lang niet zo romantisch is als ik me had voorgesteld. Maar het survivalbestaan in de wildernis heeft me ook geleerd hoe weinig ik eigenlijk echt nodig heb. Als het leven wordt teruggebracht tot de basisbehoeften, krijgen andere dingen betekenis en ga je jezelf ontdekken.

Het leven met Greg heeft iets in me geraakt dat altijd al sluimerend aanwezig was: mijn verlangen naar een hutje in de wilde natuur. Dankzij hem kon ik deze droom realiseren. Mijn jaar in Minnesota heeft me voor het leven gevormd, want later ben ik ook echt alleen de wildernis in gegaan om vlak bij de wolven te leven.

Uiteindelijk moest ik mijn droom vaarwel zeggen. Maar ik ben vertrokken met een dankbare glimlach, want erger dan een verloren droom is dat je droom teloorgaat terwijl je hem alleen maar hebt gedroomd en nooit geleefd.

Heb ik spijt van mijn tijd in de wildernis? Helemaal niet. Maar wat ik wel heel jammer vind is dat ik me niet sterk gemaakt heb voor mijn hond. Ik had er gewoon op moeten staan dat ze met me mee kon komen.

Misschien zou ze het in het territorium van de grote roofdieren niet lang overleefd hebben. Toch voelt het alsof ik haar heb verraden. Zou ik sommige dingen anders doen? Nou en of. Maar dat is achteraf gepraat. Ik heb destijds gedaan wat ik kon; op dat moment, onder de gegeven omstandigheden en met de middelen die ik tot mijn beschikking had. Ik kan niet weten hoe mijn leven zou zijn verlopen als ik het anders had aangepakt. Feit is dat ik nu hier sta, op het punt waar ik ben beland. Alles wat ik beleefd of gedaan of juist níét gedaan heb, heeft me gemaakt tot de persoon die ik ben. Dus als het over vroeger gaat, schiet je met 'wat als'-vragen geen millimeter op.

En hoe zit het met Shira? Heb ik óns gezamenlijke leven geleefd? Of heb ik een groot deel gemist en kostbare tijd verspild?

Ik kijk haar aan en vraag: 'Is er iets wat jij jammer vindt of wat je spijt? Had ik de dingen anders moeten doen?'

Mijn *golden girl* kijkt me vrolijk grijnzend aan. 'Nergens spijt van!'

Gelijk heeft ze. Het enige wat we hebben is vandaag. Juist als ik dit hoofdstuk probeer af te ronden, trekt Shira mijn aandacht. Ze wordt wakker, krabt zich, staat op en schudt zich. Dan loopt ze een rondje om mijn bureau, komt naar me toe en stoot met haar kop tegen mijn dij.

'Straks. Alleen nog dit hoofdstuk afmaken...' ligt op het puntje van mijn tong. Dan roep ik mezelf tot de orde, kom van mijn stoel af en ga op de vloer zitten om haar bal weg te gooien, die ze onmiddellijk naar me terugbrengt. Ik weet dat ik op een dag met pijn in mijn hart zal terugverlangen naar een moment als dit. Dat ik mijn werk onderbreek en mijn hond mijn onverdeelde aandacht geef. Ja, achter me staat de dood die meekijkt over mijn schouder. Maar vandaag glimlacht hij er nog vriendelijk bij. En ik glimlach terug, omdat ik weet dat hij een bron van wijsheid is omtrent de liefde en het leven.

Iedereen leeft met schuldgevoelens in een of andere vorm. Gedachten zoals 'had ik nou maar' kwellen je, vooral als je samenleeft met een dier dat zo'n korte levensduur heeft en dat jou niets anders dan onvoorwaardelijke liefde betuigt. Je denkt dat je als mens en als vriend tekortgeschoten bent terwijl je weinig tijd meer hebt om je fouten goed te maken.

Ik weet uit ervaring dat je als je op een dag je stervende hond in je armen houdt, spijt hebt van elk wandelingetje dat je níét samen gemaakt hebt, elk aaitje dat je níét hebt gegeven, elke knuffel- of speelpauze die je niet hebt ingelast. Van elk streng bestraffend woord en van alle keren dat je 'later' hebt gezegd. En je zou ontzettend graag willen dat je dat allemaal nog kon rechtzetten. Maar het heeft geen zin om jezelf erover te pijnigen. Nog los van het feit dat ook je hond daar helemaal niet mee bezig is, want die heeft jou allang vergeven.

'Oké, dus jij had gisteren geen tijd om een rondje te wandelen? Geeft niks. Laten we nú gaan. Dat beetje regen is juist wel lekker, toch?' Dat zou Shira zeggen. Of: 'Wat zeg je, gisteren niet geknuffeld? Geen probleem. Kom, dan gaan we nu meteen samen op de bank zitten.'

Je kunt niet leven als je alsmaar spijt hebt van dingen die in het verleden gebeurd zijn, of als je bang bent voor de toekomst. Van oude honden leren we dat het niet erg boeit wat we níét gedaan hebben, het gaat erom wat we wél gedaan hebben of wat we vandaag doen. We kunnen nu lol hebben samen, van elkaar houden, iets goeds doen voor een mens of dier en zo de wereld tot een fijnere plek maken.

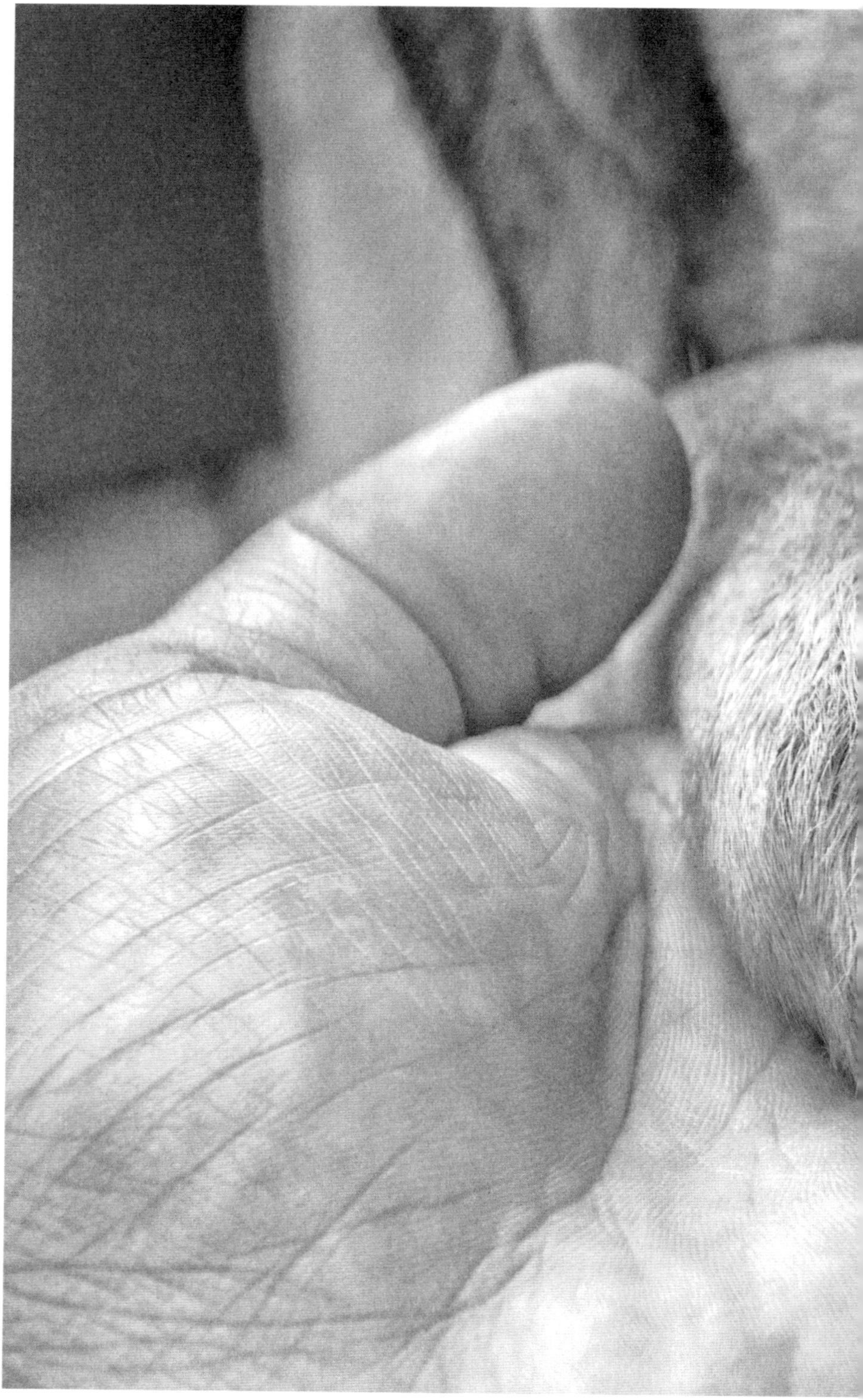

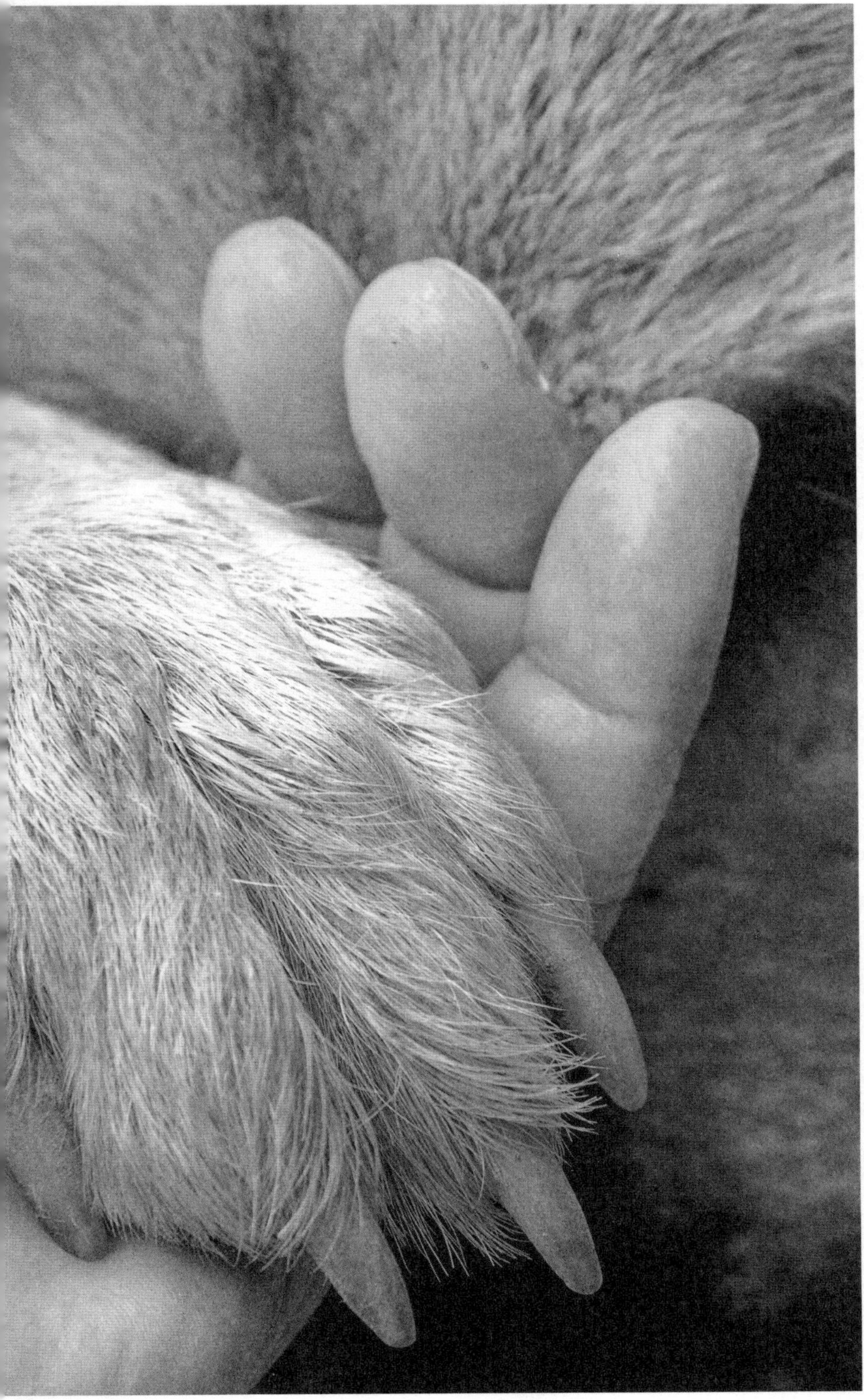

VERGEEF ZOLANG JE LEEFT

Ergens in een stad op de hondenweide. Een groep viervoeters is enthousiast aan het spelen. Ze ravotten als gekken, springen hoog op en rennen uitgelaten achter elkaar aan. Dan suist een bal door de lucht die in de meute terechtkomt en die door elke hond als zijn eigendom wordt beschouwd. In een mum van tijd verandert de vreedzame groep in een vechtende kluwen. Plukken haar vliegen in het rond, de honden grommen, snauwen en grauwen. Het ziet er bar en boos uit. Vlak voor de toesnellende hondenbezitters kunnen ingrijpen, verlaat een van de honden als een speer de arena met de trofee trots in zijn bek. Alle andere dieren stuiven erachteraan en achtervolgen hem tot het andere eind van de weide. De uitdrukking op de snoet van de hond met de bal verandert. Van grimmige vastberadenheid tot een triomfantelijke grijns. Hij heeft lol in het spel. Binnen de kortste keren is de lucht weer geklaard.

Voor honden is de keuze voor vergeving en met elkaar overweg kunnen een kwestie van een paar minuten. Als ze elkaar in de haren vliegen, is de zaak in no-time weer opgelost, zonder bitterheid of gekwetste gevoelens. De mens is waarschijnlijk het enige levende wezen dat wrok koestert. Een hond is niet haatdragend. Probeer dit maar eens uit: sluit je man of vrouw en je hond een halfuur buiten in de stromende regen. Vervolgens laat je ze weer binnen. Wie van de twee zal jou waarschijnlijk onverminderd enthousiast begroeten?

Vergeving is in principe een van de onnatuurlijkste eisen ter wereld. Wees nou eerlijk; als iemand jou of mij gekwetst heeft, willen we gerechtigheid, fair play, vergelding. De man van een vriendin van me is bij haar weggegaan. Hij was verliefd geworden op een ander. Dat raakte mijn vriendin zo diep dat ze er lichamelijk ernstig ziek van werd. Toen raakte ze haar baan kwijt en moest ze haar hele leven van de grond af weer opbouwen. Wat ze het ergste vond was dat de nieuwe vriendin van haar man (volgens haar) bij lange na niet zo aantrekkelijk was als zijzelf. Terwijl mijn vriendin altijd alles op alles had gezet om er goed uit te zien om haar jongere man aan zich te binden. En toen werd hij verliefd op een rivale die niet zo slank en knap was. Vooral dit krenkte mijn vriendin diep. Hoe kon hij dat doen? Wat vond hij zo leuk aan die andere vrouw?

Wat later sprak ik haar ex-man. Hij zei over zijn nieuwe vriendin: 'Ik kan met haar lachen. Ze is ontspannen en ik voel me geborgen bij haar.'

Het leven van mijn vriendin stortte volledig in door de scheiding. In plaats van vooruit te kijken, zakte ze steeds dieper weg in haat en verbittering. Op mijn vraag of ze haar ex-man niet kon vergeven en hem loslaten, kreeg ik een verontwaardigd 'nee' te horen. Ze zou hem nooit vergeven.

Iemand vergeven is iets waar jij en ik soms over nadenken, maar het kan een zware dobber zijn om het echt te doen. Stel dat je het jezelf makkelijk maakt en niet vergeeft, dan kun je doorgaan met anderen verantwoordelijk te houden voor hoe jij je voelt. Je blijft slachtoffer, net als mijn vriendin. Het feit dat ze diep gekwetst was, kwam voort uit teleurgestelde verwachtingen over hoe haar man hoorde te zijn. Maar het leven en de liefde zijn nu eenmaal onvoorspelbaar. Dingen gebeuren. Je hebt bedrog en verbroken beloften. De vraag is alleen: hoe ga je ermee om?

Woede en haat zijn een emotionele belasting die je ervan weerhoudt je leven weer op te pikken. Uiteindelijk lijd je er alleen zelf onder als je niet kunt vergeven. Als je vergevingsgezind bent, kom je in je kracht. Je hervindt je rust en kunt verder met je leven. Het betekent niet dat je het gedrag van een ander accepteert of dat wat er gebeurd is helemaal uit de wereld is. Maar het zou ook uitgesproken arrogant zijn om per se niet te willen vergeven. Ook jij en ik hebben ontelbare keren fouten gemaakt en het is ons vergeven. Hopelijk.

Britta, een andere vriendin van me, zat gevangen in een ongelukkige afhankelijke relatie. Ze was doodsbang om haar vriend kwijt te raken. Hij loog tegen haar en bedroog haar, maar haar angst om alleen te zijn was zo groot dat ze deze ongezonde relatie niet durfde af te kappen. Ze had de kracht niet om bij hem weg te gaan. Haar enige troost en houvast was haar hond Charly. Soms als ze moest werken, ging haar vriend wandelen met de hond.

'Charly wilde nooit met hem mee, het leek wel alsof hij bang voor hem was,' vertelde ze. 'Ik begreep dat niet, want als ik erbij was, deed mijn vriend altijd heel aardig tegen de hond.'

Toen ze op een dag thuiskwam van haar werk, lag Charly jankend en met een opgezwollen oog in een hoek van de kamer. Pas na veel doorvragen bekende Britta's vriend dat hij Charly had geslagen, omdat die hem niet gehoorzaamde.

'Voor mij stortte de wereld in,' zei Britta. 'Ik heb die rotzak er meteen uit gegooid.'

Het ergste was dat ze het algauw weer met hem bijlegde; hij had haar plechtig beloofd dat hij zijn leven zou beteren. Net als zoveel mishandelde vrouwen wilde ook Britta hem té graag geloven. Ze vergaf hem, maar liet hem nooit meer alleen met haar hond. 'Ik was elke keer bang als ik moest werken, ik probeerde Charly dan bij vrienden onder te brengen. Het was verschrikkelijk. De angst om mijn vriend kwijt te raken was sterker dan de liefde voor mijn hond. Ik had permanent het gevoel dat ik Charly verraadde.'

Op een avond zag ze dat haar vriend zijn hand naar Charly uitstrekte omdat hij hem wilde aaien. 'De hond deinsde achteruit, en hij keek me aan met een blik die ik nooit zal vergeten.' Op dat moment besloot Britta definitief voor haar hond te kiezen. De volgende ochtend pakte ze haar koffers en vertrok ze samen met Charly. Als ze erover vertelt, wordt ze overmand door tranen, zo pijnlijk voelt de herinnering. Zacht zegt ze: 'Ik heb mijn hond in de steek gelaten. Hij vertrouwde me en ik heb hem in de steek gelaten.' Het duurde bijna een jaar voor ze over de relatiebreuk heen was.

Charly was algauw weer helemaal de oude. Maar Britta heeft zichzelf nooit vergeven. Ze bleef zichzelf verwijten maken. Ze neemt het zichzelf tot op de dag van vandaag – jaren na Charly's dood – diep kwalijk dat ze zo lang geaarzeld heeft om de knoop door te hakken. 'Ik zal met deze schuld moeten leven,' zegt ze.

We zijn allemaal mensen. We maken fouten jegens andere mensen en jegens onze honden. Sommige van die missers zijn zo erg dat we er ons de rest van ons leven schuldig over zullen voelen. We begraven de schuld diep in ons hart uit pure schaamte. We hopen dat de schuldgevoelens op een dag vanzelf zullen verdwijnen. Maar hoe diep we het ook wegstoppen; onverwerkt schuldgevoel is niet dood, het leeft. En alles wat we levend begraven hebben, zal op een dag weer aan de oppervlakte komen. We moeten leren leven met ons schuldgevoel én we moeten leren onszelf onze fouten te vergeven. Honden kunnen dat. Ze zijn er meesterlijk in.

Er zullen in het leven altijd weer dingen gebeuren die niet meer goed te maken zijn, al zou je dat nog zo graag willen. Mensen en dieren die je benadeeld hebt, zijn uit beeld of leven niet meer. Je kunt ze niet meer om vergeving vragen. Dus laten we in het hier en nu des te beter opletten dat we niemand pijn doen door er zomaar iets uit te flappen. En als het per ongeluk toch gebeurt, is het belangrijkste dat we onszelf vergeven.

Zou ik iemand kunnen vergeven die me verraadt en in de steek laat? Ik weet het niet. Maar wat ik wél zeker weet is dat Charly zijn bazin al lang geleden heeft vergeven. Hun relatie was gebaseerd op een vertrouwen dat groot genoeg was om ook een ernstige fout te excuseren. Onze hondenvrienden hebben zo'n groot hart dat wij daar misschien iets van zouden kunnen leren. Wat je ook doet, ze laten je niet vallen. Ze zijn niet in staat je te veroordelen. Je kunt ze slaan, honger laten lijden en hun genegenheid onbeantwoord laten, maar als je je hond roept, rent hij naar je toe en geeft hij je met alle liefde een volgende kans. In het Engels is een anagram van hond god (*dog* – god). Misschien hebben honden echt iets goddelijks over zich?

Wat vroeger gebeurd is hoeft nu je leven niet te bepalen. Soms lukt het je makkelijk om iemand te vergeven, soms is het ontzettend moeilijk. Maar het is belangrijk; voor je herstel en om weer vrij te kunnen zijn. Een voorbeeld van de kracht van vergeving is het verhaal van een jonge vrouw die in een stadspark in New York door zes mannen met bruut geweld was verkracht en in elkaar geslagen. De schuldigen lieten haar liggen omdat ze dachten dat ze dood was. Maar ze overleefde het en verklaarde later tijdens de rechtszitting dat ze de daders vergaf. 'Deze mannen hebben me iets vreselijks aangedaan en kostbare tijd van mijn leven afgenomen,' zei ze tegen de stomverbaasde rechter. 'Ik wil hun niet de macht geven me nog meer te ontnemen door boos op hen te blijven. Ik moet hen vergeven om zelf weer vrij te zijn.'

We zullen in ons leven allemaal een punt bereiken waarop we oude wonden moeten helen. Zowel zelf veroorzaakte als door anderen toegebrachte pijn. Vergeving betekent niet zand erover of niet meer alert reageren. Het is een proces dat moeite kost en dat je niet kunt forceren. Uiteindelijk kies ik ervoor om de ander deze kwestie niet langer kwalijk te nemen. Ik vergeef, zodat we allebei verder kunnen met ons leven. En het gaat dan vooral om mij. Jammeren en klagen helpt geen zier. Je moet het loslaten. Je moet verder.

Wat zijn onze honden daar supergoed in!

Klops, mijn bastaardhond, kon op bejaarde leeftijd niet goed meer zien. Als hij tijdens het spelen naar een stok hapte die ik in mijn hand hield, miste hij soms de stok en beet hij mij per ongeluk. Dan was hij helemaal van zijn stuk. Hij dribbelde met zijn staart tussen zijn poten om me heen en likte mijn handen en gezicht.

'O mijn god, wat ik nou toch gedaan? Het spijt me. Het spijt me echt vreselijk.'

Ik moest hem troosten. 'Het was jouw schuld niet. Het is oké.' Pas dan was hij gerustgesteld.

We vergeven onze honden, zoals zij ons vergeven. Liefde is het enige wat telt. Honden kunnen het verleden achter zich laten en elke dag optimistisch en happy in het leven staan.

Los daarvan bijten honden (en mensen) soms met een legitieme reden, namelijk uit zelfbescherming. We kunnen niet weten wat een ander ertoe gebracht heeft om zich zo te gedragen. Als we dat respecteren en sympathie tonen, als het lukt om wat er gebeurd is niet persoonlijk op te nemen, zetten we misschien een deur open naar begrip en vinden we ten slotte rust.

Shira snurkt. Ik zit een tijdje stil te luisteren en te voelen hoe mijn beste vriendin ademhaalt. Ik sluit mijn ogen en laat mijn vingertoppen door haar vacht glijden. Een moment van oneindigheid. Hoe langer je samenleeft met een hond hoe meer 'had ik nou maar'-gevoelens zich opstapelen. Als het om Shira gaat, heb ik gewetenswroeging over elke dag en elke minuut die ik niet met haar heb doorgebracht. Maar ik weet dat ik het zo goed gedaan heb als ik maar kon. En zo zal ik het verder ook doen. Dat is goed genoeg.

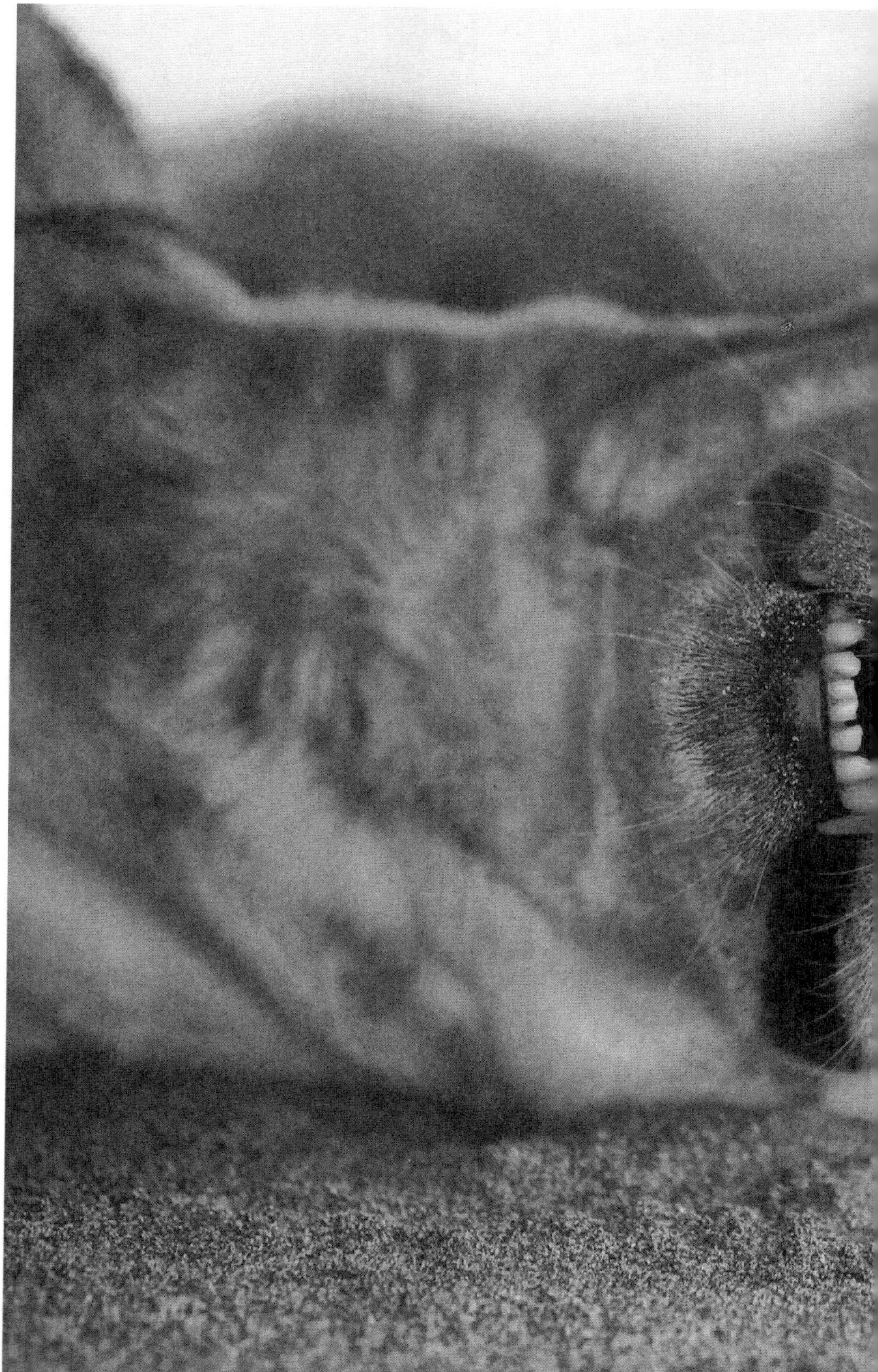

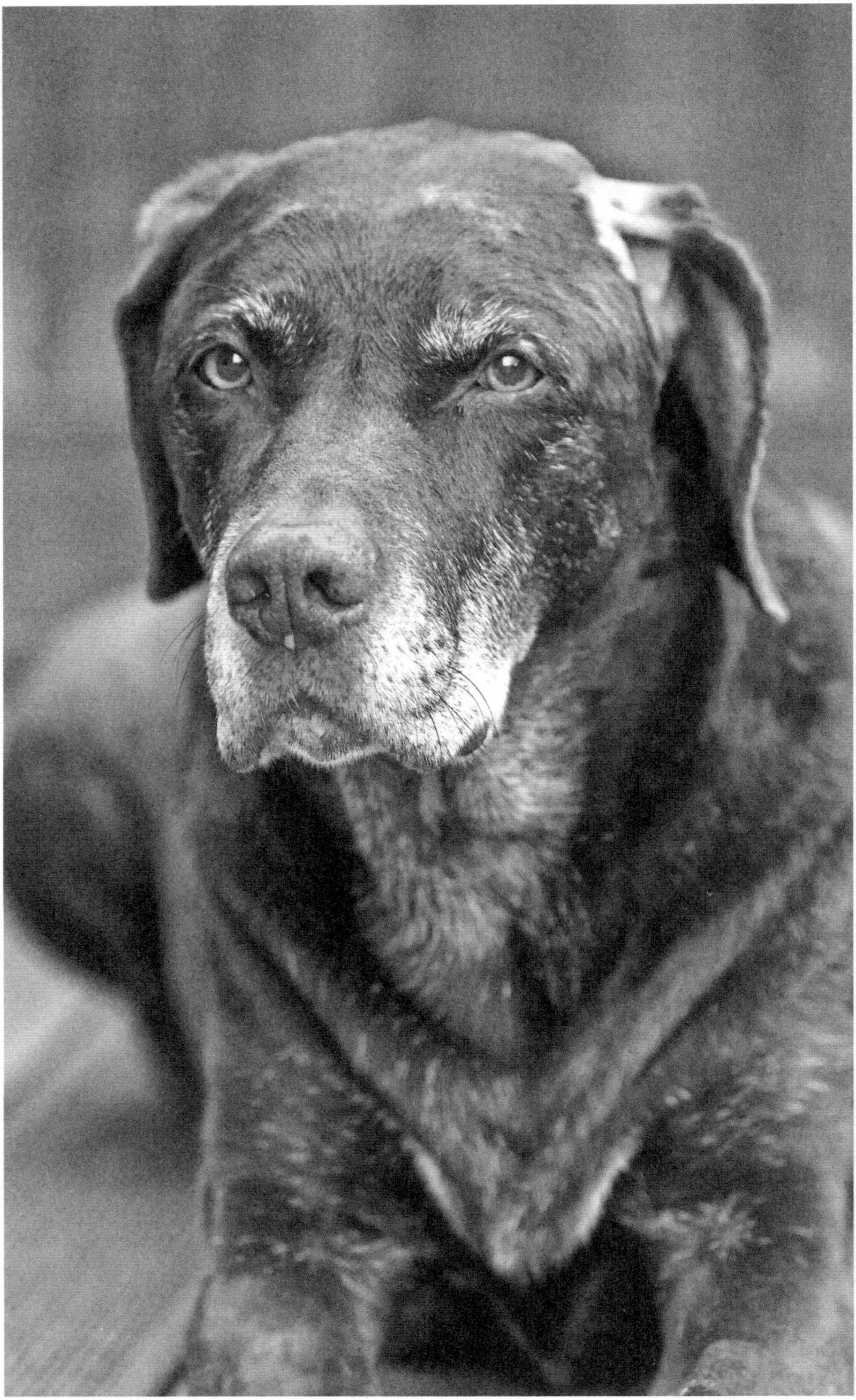

JE BENT BELANGRIJK

Na de verschijning van mijn boek *De wijsheid van wolven* nodigde Markus Lanz me uit in zijn talkshow. Ik was in alle staten. De grote Lanz! Ik kijk regelmatig naar zijn programma en weet dat de presentator graag doorvraagt en vooral politici heel onzeker kan maken. Zou ik als schrijfster er heelhuids van afkomen?

Maar ik had me geen zorgen hoeven maken. Zowel in het voorbereidend gesprek als in de uitzending voelde ik me compleet op mijn gemak en vergat ik mijn angst. Lanz heeft een gave die je tegenwoordig nog slechts zelden bij mensen, maar des te vaker bij honden tegenkomt: hij kan luisteren. Vergeef me, Markus, dat ik je met mijn hond vergelijk, maar eigenlijk is dit het grootste compliment dat ik je kan geven. Lanz concentreert zich in een gesprek volledig op zijn gesprekspartner, hij is er helemaal bij. Als je op YouTube zijn talkshow ziet, let dan eens op zijn lichaamstaal. Hij kijkt degene met wie hij praat recht in de ogen, houdt zijn hoofd een tikje scheef en... luistert. Ik ben geen psycholoog of expert op het gebied van lichaamstaal. Ik kan alleen maar beschrijven hoe ik me als gast in de show heb gevoeld.

Er zijn niet veel mensen op de wereld die hun gesprekspartner met zoveel aandacht bejegenen. Ook de voormalige Amerikaanse president Bill Clinton werd erom geprezen. Mensen die met hem gepraat hebben, vertellen hoe oprecht geïnteresseerd hij was; zoiets kun je voelen.

Hoe vaak zijn jij en ik niet met onze gedachten totaal ergens anders terwijl we met anderen praten? *Nog zoveel te doen. Alles gaat mis. Wat zei je nou daarnet?* Dit in tegenstelling tot onze honden en bovenal oude honden. Terwijl pups en jonge honden nog opgewonden om je heen dartelen en springen omdat het leven zoveel spannende dingen te bieden heeft, kunnen oude honden zich volledig op iemand concentreren. Tenslotte hebben zij alles al meegemaakt.

Wanneer ik bezig ben met Shira, bijvoorbeeld als ik tegen haar praat, luistert ze naar me. Zo ziet het er althans uit, ook al is ze doof. Haar ogen houden mijn blik vast, haar oren zijn gespitst, ze houdt haar kop een beetje scheef. Ja, ik heb voor honderd procent haar aandacht: ik ben belangrijk!

Shira – en dat geldt voor heel veel honden – kan iemand het gevoel geven dat hij gewaardeerd wordt. Daar kunnen wij nog iets van opsteken.

Een Brits onderzoek in het wetenschappelijk tijdschrift *Scientific Reports* bevestigt dat de gezichtsuitdrukking op een hondensnoet intensiveert als hij ónze aandacht heeft.[19] Biologe Juliane Kaminski van de universiteit van Portsmouth en haar team hadden experimenten gedaan met in totaal vierentwintig gezinshonden van verschillende rassen. De viervoeters hadden een sterkere mimiek, met name de bekende hondenblik met de opgetrokken wenkbrauw, wanneer ze de rechtstreekse aandacht van een mens hadden. Dit soort expressiviteit kon dus een doelbewuste communicatiepoging van de dieren zijn, aldus de onderzoekers.

Tijdens de experimenten plaatsen de wetenschappers de gezinshonden in vier verschillende situaties. In situatie 1 en 2 richtte een persoon zich respectievelijk met en zonder hondensnack op de hond, in situatie 3 en 4 keerde de persoon met en zonder snack de hond de rug toe. In alle vier de situaties werd de uitdrukking op de snoet van de honden gefilmd.

Het resultaat: de honden lieten duidelijk meer mimiek zien als iemand zich tot hen wendde. De aan- of afwezigheid van een snack speelde daarbij tot ieders verrassing geen rol. ‘We kunnen er dus van uitgaan dat de output van mimiek bij honden afhangt van de mate van interesse die zijn menselijk publiek toont en niet zozeer van de opwinding of kalmte van de hond zelf,' zegt Kaminski. Het onderzoek maakt aannemelijk dat de mimiek een actieve poging tot communicatie is, niet alleen de expressie van een emotie.

Een hond doet dus wat een goede partner zou doen: hij is in hoge mate aandachtig en sterk in zijn mens geïnteresseerd.

Toen ik pasgeleden weer een paar keer op pad moest om een lezing te geven, kon ik Shira niet meenemen. Te lange treinritten met te veel overstappen. Dus bracht ik haar naar mijn moeder. Mijn hond keek me verdrietig na toen ik de deur achter me dichtdeed. Vijf minuten later schoot me te binnen dat ik iets vergeten was en ging ik terug. Shira begroette me alsof ik terugkwam van een wereldreis. Wat zou ze op zulke momenten denken? Gelooft ze dat ik wonderen kan verrichten? Haar blijdschap is overweldigend. En het maakt dus niet uit hoe lang ik weg ben geweest, of het nou vijf minuten is of twee weken. De begroeting is hetzelfde: zodra ik over de drempel stap, springt Shira op en zoekt allereerst naar een stukje speelgoed. Ze kan niemand begroeten zonder een bal of ander speeltje in haar bek te nemen; dat zou een zware schending van het labradorprotocol zijn. Ze stormt op me af met het speelgoed stevig in haar bek en trippelt en draait om haar eigen as. Haar staart beweegt als een propeller. Haar hele lijf vibreert van voorpret. Hoe kan zo'n begroeting ook maar íémand onberoerd laten? Een hond geeft je zelfvertrouwen een enorme boost, elke keer als je komt opdagen. Plus dat je je hond de oren van de kop kunt kletsen en of het nou zin of onzin is, hij kijkt je aan en antwoordt: 'Hm. Klopt, je hebt gelijk. Zo heb ik het nog nooit bekeken.'

Je wilt je geaccepteerd en geliefd voelen, gewoon voor wie je bent. Geen enkel ander levend wezen kan je dat gevoel zo goed geven als je hond. Hem kan je uiterlijk, je inkomen of sociale status geen sikkepit schelen. Het enige wat hij wil is bij je zijn. Die buitengewone toewijding is ronduit gezondmakend. En dat hebben we allemaal nodig.

Hoe minder tijd ons samen rest hoe duidelijker ik Shira wil laten zien dat ze enorm belangrijk voor me is. Als ik zonder haar ergens naartoe moet, ga ik op mijn knieën naast haar zitten en leg ik haar uit wat ik van plan ben. Ik omhels en kus haar voor ik de kamer uit ga. 'Ben zo weer terug.' Thuis stop ik vaak even met werken om haar te aaien. Ik wil geen gelegenheid voorbij laten gaan om haar te laten merken hoeveel ik van haar hou; menig hardcore hondentrainer zouden de haren te berge rijzen. Toch doe ik het zo en niet anders. Niet alleen voor Shira, maar ook voor mezelf.

Al zou het natuurlijk jammer zijn als we alleen door het vooruitzicht van naderend verlies doelbewust lief voor elkaar zouden zijn. Stel dat we ons altijd zo zouden gedragen? En niet alleen van mens tot hond, maar ook van mens tot mens? Zou het niet heel goed zijn om vaker tegen de mensen in je leven te zeggen dat je van ze houdt? Of gewoon een vriend een knuffel te geven? Een tedere aanraking is een sterk gebaar in elke relatie. Helaas hebben de meesten van ons het zo druk met zichzelf dat zoiets absoluut niet bij hen opkomt. Het is Shira die me de superkracht van waardering leert.

Hoe zou het zijn als je je bij thuiskomst van je partner een keer als je hond zou gedragen?

- Je laat alles uit je handen vallen en begroet je lief met een uitgebreide knuffel.
- Je interesseert je oprecht voor hem/haar.
- Als je wederhelft met je wil praten ben je een en al oor.
- Je hoort zijn/haar frustraties aan zonder onmiddellijk 'oplossingen' aan te dragen.

- Als vrouw- of manlief niet aan je wensen kan voldoen, raak je niet geïrriteerd en trek je je ook niet terug.

Is dat voor ons mensen te veel gevraagd? Het is precies wat je hond je elke dag geeft. Hij stelt je gerust en vermindert je stress. Sociale steun is soortoverstijgend!

Maar helaas is er zijn voor elkaar niet genoeg. In het dagelijks leven zijn er nogal wat mensen die je je zwakke punten en fouten onder de neus wrijven. En ja, zelf zie je waarschijnlijk ook vaak alleen het negatieve bij anderen. Wat als je voor de verandering eens met de ogen van een hond naar de ander zou kijken om het goede te ontdekken in je medemens? Niemand is als slechterik op de wereld gekomen. We zijn allemaal de optelsom van onze ervaringen. Je zou dicht bij huis kunnen beginnen, in je eigen gezin, en het goede in de mensen van wie je houdt steevast benadrukken.

Shira is wat dat betreft een geweldige leermeesteres. Zodra ze me in het oog krijgt, geeft ze me direct luid en duidelijk te kennen dat ik dé belangrijkste persoon in haar leven ben. Haar enthousiasme is elke keer weer hartverwarmend. En ik op mijn beurt doe mijn best aardig te zijn tegen de mensen die ik tegenkom. Het is helemaal niet zo moeilijk. Een beetje vriendelijkheid, openheid en aandacht voor je medemensen. Een dankjewel, een glimlach... heel gewoon.

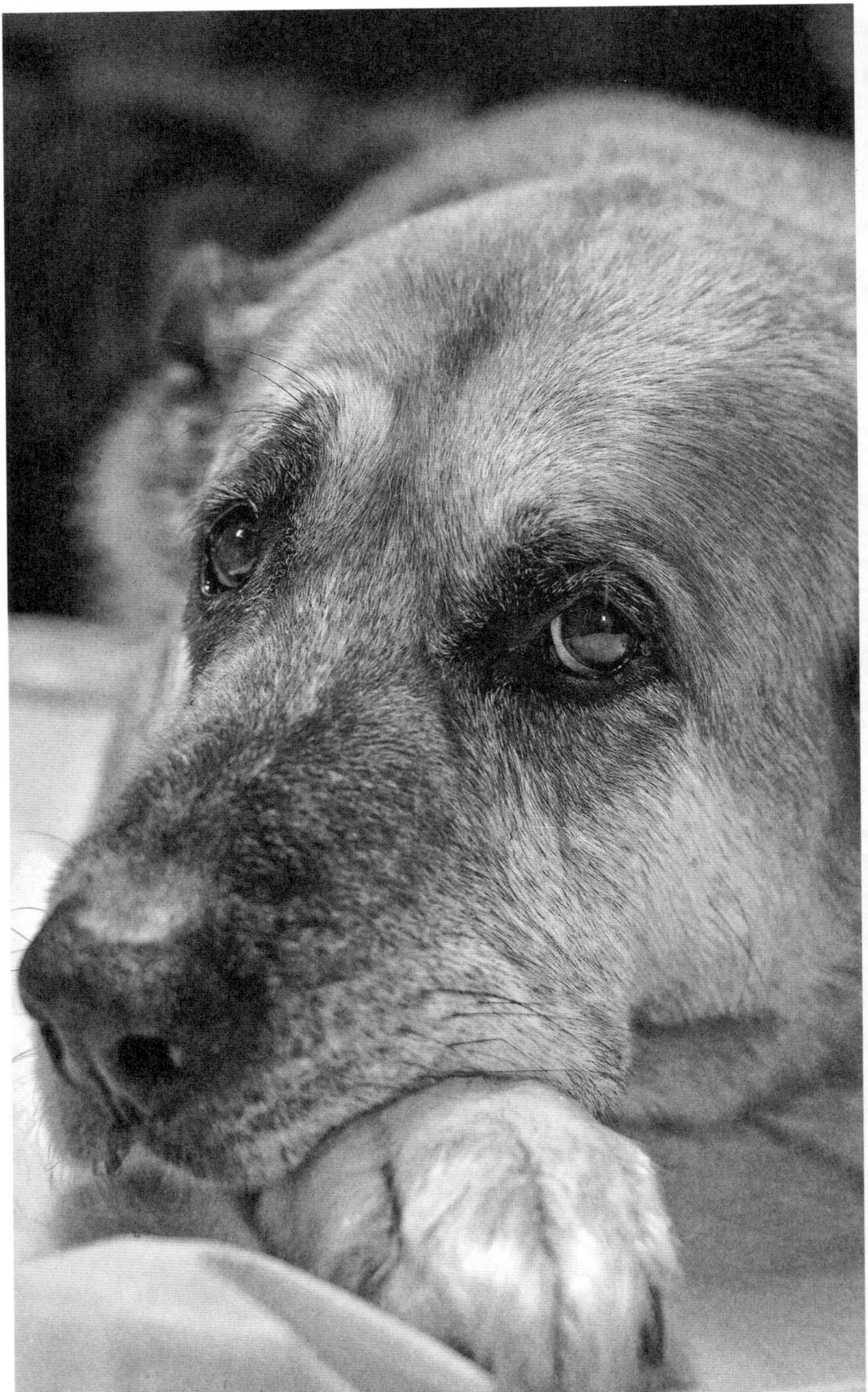

ALLES IS LIEFDE

De hond tegen zijn mens:

Ik kan niet praten, maar ik weet hoe ik moet luisteren.

Het is niet moeilijk om mij een plezier te doen. Een wandeling door het bos en ik ben de koning te rijk.

Ik zou niet boos worden als je nog een paar snacks voor me in petto had, maar ik wil niet te veel aandringen.

Je hoeft tegen mij niet te doen alsof, evenmin als ik dat tegen jou doe.

Als ik blij, verdrietig of zenuwachtig ben, als ik me verveel of me schaam, zie je dat aan me. Ik laat mezelf kennen.

Ik maak nergens een geheim van. Dat ik er ben is overduidelijk als ik bijvoorbeeld in luid geblaf uitbarst, zodra jij thuiskomt. Ik kan me gewoon niet inhouden, zo blij ben ik dan.

Ik kan angst en liefde heel, heel precies ruiken.

Ik weet altijd wat je voelt en kan me daar best goed aan aanpassen.

Ik lik je gezicht als je verdrietig bent.

Ik kom met je knuffelen als je dat verdient.

Ik geef je een poot als je dat wilt.

En verder zeggen mijn ogen alles.

Ik ben altijd bij je, zodat je er nooit alleen voor staat.

Dat is de liefde van een hond.

'Helemaal te gek, toch? Ze houden van je, wat je ook geflikt hebt!' zegt de maffioso tegen de moordenaar in de bajesfilm *Un-*

derdogs,[20] waarin gevangenen blindengeleidehonden moeten opleiden in het kader van een resocialisatietraject.

Honden zijn een symbool van onvoorwaardelijke liefde. Ze zijn blij als ze jou, hun baasje, zien, zelfs als je ze ervan langs geeft omdat ze iets hebben uitgevreten. Ze vergeven je; hoe slecht je ze ook behandelt. Alles is liefde in hun relatie met jou. Maar het is ontzettend moeilijk om onvoorwaardelijk van anderen te houden. Onze natte neuzen doen het ons voor.

Als hondenbezitter voelen we onszelf vaak leden van een geheime organisatie, waar verder niemand iets van snapt. Dat wordt nog eens versterkt als een oude hond zijn leven met je deelt. Jonge honden en pups zijn zo ongelooflijk vertederend dat ze zelfs niet-hondenmensen betoveren. Maar als je een oude, door het leven getekende, niet bijster 'aantrekkelijke' hond hebt, voelt het soms alsof je je innige relatie met het dier moet rechtvaardigen, of op zijn minst begrijpelijk moet maken zonder dat je dat echt kunt. Hoe verklaar ik de unieke plek die Shira in mijn hart inneemt? Veel mensen vinden zo'n intense band met een dier een beetje verdacht en zelfs ietwat gestoord.

Vertel iemand hoe blij je bent met je hond en hoe vitaal jullie relatie aanvoelt, en je riskeert het welgemeende advies om in therapie te gaan vanwege je neurose. Je projecteert mensenliefde op een dier; pervers hoor. Je vermenselijkt je hond of sublimeert je onbewuste kinderwens op het dier; hoe triest en zielig is dat?

Als kinderen van honden houden is dat nog schattig en wordt het geaccepteerd, omdat een hond een kind kan leren verantwoordelijkheid te dragen. En oude mensen die verknocht zijn aan hun harige viervoetige levensgezellen? Ja, dat mag ook. Dan is het een soort medicijn of therapievervanging. Maar voor de rest van ons geldt: gelieve je te beheersen en je niet zo aan te stellen. Kom óp zeg, het is toch maar een hond!

Wie een jonge hond heeft, focust zich op het bijbenen van dat pluizige energiebommetje en op pogingen om de kleine wildebras op te voeden. Als een hond ouder wordt, gaat het meer om de tijd die we met hem doorbrengen. We houden rekening met onze hartendieven en passen ons aan hun tempo en hun behoeften aan.

Ik zat met vrienden op het bierterras van een pizzeria in de oude binnenstad. Plotseling voelde ik Shira's blik. Zonder een woord te zeggen stond ik op, haalde ik haar deken uit de auto en spreidde ik die uit op de tegels. Nadat ze was gaan liggen, keek ik op; recht in de verbaasde gezichten van mijn vrienden. 'Te hard voor haar oude botten...' mompelde ik schouderophalend. Waarom dacht ik dat ik me moest verontschuldigen voor zo'n eenvoudig zorgzaam gebaar?

Het gaat om liefde. Pure, onvoorwaardelijke en wederzijdse liefde. Om een verbintenis die in deze vorm in menselijke relaties vrijwel onbekend is, omdat er in de kern van de zaak geen woorden aan te pas komen. Niet dat het altijd makkelijk en zonder strubbelingen gaat, want liefde kan ingewikkeld zijn. Maar het gevoel is niet minder waard alleen omdat een van de partners toevallig op vier poten loopt (of strompelt) en een vacht heeft.

Liefde is liefde, of ze nou van een mens of van een dier komt. We voelen ons goed met onze hond. Als ik thuiskom van het boodschappen doen, word ik begroet door een levende ziel voor wie kennelijk de zon opgaat, zo enthousiast is ze. Shira's hele lichaam wordt één grote glimlach. Haar staart roffelt op de vloer, haar ogen schitteren en er ligt een diepe heldere uitdrukking in: 'Je bent thuis! O, wat fijn! Ik ben zo blij!'

De wereld is weer goed. Ik krauw haar borst, vertel hoe erg ik haar gemist heb en ze legt haar voorpoot op mijn onderarm. Ze kijkt me aan, ik kijk terug. Op zulke momenten loopt mijn hart, ook na dertien jaar, nog over van diepe vreugde.

Honden voldoen bijna onvoorwaardelijk aan onze behoefte

aan nabijheid en liefde. Een echte verbintenis is een onvervuld verlangen van de moderne mens. Dieren bieden een relatie die de mens in bijna alles voorziet. Met geen ander wezen kun je zo nauw verbonden samenleven zonder dat er aan je getwijfeld wordt en zonder dat je bang hoeft te zijn om verlaten te worden.

Voor je een hond neemt, kun je je bijna niet voorstellen hoe het leven met hem zal zijn. Daarna kun je je niet meer indenken dat je het zonder je hond zou moeten stellen. Je voelt je eindelijk begrepen, geaccepteerd en geliefd! Leven zonder Shira? Onvoorstelbaar hoe leeg en stil mijn huis dan zou zijn. Hoeveel minder er gelachen zou worden, hoeveel minder tederheid er zou zijn en hoe ontworteld ik me zou voelen zonder haar. Hoe ouder ze wordt en hoe langer we samenleven, hoe meer we naar elkaar toe groeien; als dat trouwens nog mogelijk is.

De ouderdom verandert onze honden en ons, zowel lichamelijk als emotioneel. Ze blijven ons verrassen. Het is dan ook ongelooflijk waartoe ze in staat zijn als het om loyaliteit, veerkracht, vertrouwen en onvoorwaardelijke liefde gaat.

Sylvia schreef me in een e-mail over haar tienjarige golden retriever Sam: 'Hij was altijd heel onafhankelijk, wilde met rust gelaten worden en liet zich niet graag aaien. Nu verliest hij me niet meer uit het oog, zoekt hij mijn nabijheid en wil hij aandacht. Het lijkt alsof hij alles wil inhalen wat hij in zijn jonge jaren misschien onbewust heeft gemist.'

De diepe liefde voor een hond gaat tot op het bot en doortrekt je lichaamscellen, alsof het centrale deel van jou – je totale zenuwstelsel – warm ingepakt zit in het leven dat jullie samen gecreëerd hebben. Je wordt geherprogrammeerd: je bent niet meer meneer Müller of mevrouw Schmidt. Je bent Jargo's baasje of Frida's vrouwtje. Of 'de man met de oude setter' of 'de vrouw met de blinde dalmatiër'. Wij hondenbezitters ontlenen onze identiteit aan onze dieren.

'Alles is liefde' heeft een wat romantische ondertoon, maar als je de term 'onvoorwaardelijke liefde' hoort vallen, krijgen veel mensen daar direct een beeld bij van moeder-kind, hondeneigenaar-hond. Ik heb in mijn kennissenkring een rondvraag gehouden: 'Wie is volgens jou in staat om onvoorwaardelijke liefde te geven?' De overgrote meerderheid antwoordde: een hond.

Honden bewijzen ons absolute en onbegrensde loyaliteit. Het maakt ze niet uit welke voordeeltjes hun dat oplevert. Als een hond je zijn vriendschap aanbiedt, is dat voor het leven. Het interesseert honden niet dat mensen doorgaans even loyaal zijn als vlooien tijdens het paarseizoen, dat ze trouwer zijn aan het merk van hun haarverzorgingsproducten dan aan zichzelf en dat de helft van hun huwelijken uitloopt op een echtscheiding. Toch laten ze hun mens niet in de steek. De Amerikaanse president Harry S. Truman heeft ooit gezegd: 'Als je in Washington behoefte hebt aan een vriend, koop dan een hond.'[21]

En mensen? In welke context geldt voor ons alles is liefde, oftewel wanneer zijn we in staat om onvoorwaardelijk van een ander te houden? Een hond maakt het niet uit of je rijk of arm, jong of oud bent, of je een doctorstitel hebt, of er miljoenen op je bankrekening staan of dat je dakloos bent en op straat leeft. Hij trilt over zijn hele lijf van enthousiasme zodra hij je ziet. Ken jij een mens die zich zo gedraagt?

Laten we onszelf niet voor de gek houden. De onvoorwaardelijke liefde van een hond, een 'alles is liefde'-privé-universum is een ideaal, een lichtend voorbeeld van hoe ware liefde er volgens ons uit zou moeten zien. Voor veel mensen is de relatie met hun dier het enige contact waarbij angst geen rol speelt en ze zichzelf geaccepteerd voelen. Dat is een beetje tragisch, want eigenlijk zouden we ook een hechte band met andere mensen moeten kunnen opbouwen. Maar menselijke relaties zijn vaak ingewikkeld. Je houdt van iemand, maar vindt het eng om dat te laten zien uit angst dat die liefde niet beantwoord of zelfs uitgebuit wordt. En dus scherm je je af. Onder deze omstandigheden is de ideale relatie misschien makkelijker buiten onze eigen soort te vinden; of althans een verbintenis die wij als ideaal beschouwen.

Honden geven onvoorwaardelijke liefde en zijn oneindig vergevingsgezind. Hun enige vraag aan jou is: hou je van mij? Voor ons mensen is de liefde van een hond vanzelfsprekend. Als een hond op een gegeven moment geen liefde voor zijn mens meer aan de dag zou leggen zou zijn baasje waarschijnlijk langdurig in therapie moeten om uit te knobbelen waarom de hond hem in vredesnaam heeft buitengesloten.

Je kent misschien de vaak geciteerde gevleugelde woorden van Arthur Schopenhauer: 'Sinds ik de mensen heb leren kennen, hou ik van dieren.'[22] In eerste instantie is dit voor iedere hondenbezitter zo klaar als een klontje, maar zelf heb ik er ergens toch een ongemakkelijk gevoel bij. Hoe kan ik van dieren houden en tegelijkertijd een hekel hebben aan mensen? Ik denk eerder dat we door de liefde van onze dieren uiteindelijk zouden moeten leren van andere mensen te houden. Met dezelfde positieve instelling en even mild en vergevingsgezind als honden ons elke dag laten zien.

Rainer Maria Rilke heeft het raak uitgedrukt: 'Liefhebben van mens tot mens is voor ons misschien wel de moeilijkste opgaaf, de grootste test en de ultieme beproeving; het werk waarvoor al het andere werk slechts een voorbereiding is.'[23]

De grootste uitdaging in het leven is leren van elkaar te houden, zoals onze honden van ons houden. Hoeveel gewicht legt de liefde van onze hond in de schaal? Hoe kun je onmetelijke liefde meten? Maar als je een vergelijking trekt tussen het leven met en zonder hond (een gedachteoefening), dan weet je dat je mét hond heel anders in het leven staat, omdat je hebt ervaren wat onvoorwaardelijke liefde is.

Ik ben als kind opgegroeid bij mijn grootouders. We hadden altijd honden. Ze leidden een eenvoudig leven en aten goedkoop blikvoer of etensrestjes van onze maaltijden. In de tuin stond een hondenhok waar ze het grootste deel van de dag doorbrachten. Ze sliepen 's nachts op een deken in de slaapkamer van mijn grootouders (en zo nu en dan bij mij in bed). Ze liepen het huis in en uit zoals het ze uitkwam. Een doodgewoon alledaags leven. Mijn grootouders hielden wel van ze, maar zonder veel 'gedoe' eromheen. Honden maakten simpelweg deel uit van onze familie.

Mijn opa had een heel sterke band met zijn herdershond Axel, die ook mijn beste vriend was. Opa had met Axel alle examens voor verdedigingshonden afgelegd. Meer dan dat was er toen nog niet op het gebied van hondentrainingen en cursussen. Opa en zijn hond waren een geweldig team en er was geen hond zo zachtaardig en aanhankelijk als Axel. Des te traumatischer was de eerste keer dat ik als kind met de dood werd geconfronteerd toen Axel werd vergiftigd. Het is echt afschuwelijk voor een kind om zoiets mee te moeten maken.

Voor Shira is de wereld een vriend die erop wacht om haar te leren kennen. Net als de meeste van haar maatjes in de rasgroep retrievers is ze hypersociaal. Maar waarom is dat zo?

Dat hebben Bridgett vonHoldt van Princeton University en haar collega's uitgezocht.[24] Ze vergeleken het gedrag van huishonden met dat van wolven die gewend waren aan mensen. Het bleek dat wolven hardnekkig onafhankelijke probleemoplossers zijn, terwijl honden zich al na een paar pogingen hulpzoekend tot hun mens wenden; desnoods zelfs tot een onbekende. De sociale aanleg van honden is te danken aan een genetische mutatie op het zesde chromosoom, zeggen de onderzoekers. Wolven hebben die mutatie niet. Bij mensen leidt deze verandering in het DNA tot een erfelijke ziekte, het Williams-Beuren-syndroom.

Mensen die hieraan lijden, vertonen ook op volwassen leeftijd een kinderlijke aanhankelijkheid.

In de loop van de evolutie werden vervolgens alleen honden met deze chromosoommutatie geselecteerd en gefokt vanwege hun vriendelijkheid en zachtaardige houding jegens mensen. *The survival of the friendliest*, zogezegd.

Maar de liefde tussen mens en hond berust niet alleen op een genetische ontwikkeling, maar ook op een eenvoudig chemisch proces. Als ik Shira in de ogen kijk, gebeurt wat er ook tussen moeder en kind gebeurt of tussen twee verliefde mensen: in mijn bloed stijgt de waarde van het geluks- en knuffelhormoon oxytocine terwijl de waarde van het stresshormoon cortisol daalt. Door experimenten met eyetrackers (apparaten die de kijkrichting registreren) weten we dat honden vooral oogcontact met ons zoeken.[25] Zo kunnen ze onze emoties en stemmingen lezen. Vooral oude honden zoeken regelmatig oogcontact met hun mens. Ze kijken je aan met een blik die doordringt tot diep in je ziel. Bovendien slaan ze je doen en laten constant gade en passen ze hun gedrag dienovereenkomstig aan.

Ja, honden zijn ook een vervanging voor kinderen. De helft van alle hondenbezitters geeft hun dier een mensennaam. Ik kus Shira waarschijnlijk zo'n veertig keer per dag en raak haar vaker aan dan ik kan tellen. Dat kan ik over de mensen in mijn leven niet zeggen. Ik praat ook veel tegen haar. Soms verwacht ik zelfs een antwoord. Dan kijk ik haar aan. 'Je hebt geen idee wat ik allemaal tegen je zit te bazelen, hè?'

Shira kijkt me aan met een wakkere, nieuwsgierige en vervolgens onthutste blik in haar ogen. 'Wat je zegt. Ik heb geen idee!'

Schopenhauer heeft toch gelijk. Iedereen die serieuze pogingen doet het menselijk gedrag te bestuderen, leert vroeg of laat het gezelschap van honden te waarderen. Sigmund Freud, grondlegger van de psychoanalyse, was in dit opzicht geen uitzondering. Aan het begin van de Tweede Wereldoorlog was hij enorm teleurgesteld in zijn medemensen. Hij had zich zijn hele leven ingezet om de tegenstrijdige en irrationele aspecten van het menselijk onderbewuste te analyseren. Nu leek het hem zonder meer makkelijker om de psyche van dieren te doorgronden.

De expert van de menselijke ziel ontdekte de hondenziel pas relatief laat; op zijn tweeënzeventigste. Een goede vriendin en beschermvrouw, prinses Marie Bonaparte, transformeerde de vermeende dierenhater tot een groot hondenliefhebber. Freuds dochter Anna herinnerde zich dat haar vader vooral de charme, toewijding en trouw van zijn honden intens waardeerde. Hun absolute voordeel vergeleken met mensen, zei Freud nadrukkelijk, was het ontbreken van enige vorm van ambivalentie. 'Honden,' zei hij, 'houden zichtbaar van hun vrienden en bijten hun vijanden. In tegenstelling tot mensen, die niet tot zuivere liefde in staat zijn, zodat hun relaties altijd een mix zullen zijn van liefde en haat.'

Kort voor zijn dood schreef Freud in een brief aan Marie Bonaparte wat honden de mens te bieden hebben: 'Een hond geeft zijn baasje ondubbelzinnige genegenheid. De hond bevrijdt ons bestaan van het "bijna onverdraaglijke conflict met de cultuur" en belichaamt "de schoonheid van een voltooid hoogtepunt van existentie".'[26] Ik denk dat iedere hondenbezitter Freud gelijk zou geven, met name degenen die een oude hond in hun nabijheid hadden of hebben.

Ik weet zeker dat honden miljoenen mensen psychisch gezond houden. Mensen die anders in onze vervreemdende wereld ernstig neurotisch zouden worden. Onze hond verbindt ons met onze diepste kern. Als we hem in de ogen kijken, herkennen we die hechte verbondenheid.

De duistere kant van de liefde

We geven onze viervoeters eten, onderdak, medische zorg en – hopelijk – een gelukkig thuis. Als tegenprestatie waken ze over ons, helpen ze ons met ons werk, maken ze ons aan het lachen en... houden ze van ons. Ze accepteren ons zoals we zijn en wuiven ons verdriet weg door te kwispelstaarten. Ze geven ons een blij gevoel en verrijken ons leven door hun aanwezigheid. Ze geven ons het beste dat ze hebben; zichzelf.

Honden zijn extreem gevoelige wezens die de geringste aanwijzingen in ons gedrag kunnen interpreteren en erop inspelen. In het algemeen is de relatie die we met onze hond hebben en het leven dat we met ze delen, evenwichtig en gezond.

Maar niet alle relaties tussen honden en hun eigenaars zijn gelukkig, gezond en verrijkend. Laten we wel wezen: honden kunnen ook agressief, stronteigenwijs en opstandig en algeheel angstaanjagend zijn. Soms zijn ze moeilijk te begrijpen. En juist oude honden kunnen je – met de typische recalcitrantie van een bejaarde – tot wanhoop brengen. Dan ben je van je stuk gebracht, sta je in tweestrijd of kun je het allemaal even niet bolwerken. Een hond kan op al je knoppen drukken; soms beter dan een mens, omdat hij zo duidelijk en direct is als het erom gaat zijn eigen behoeften en wensen te uiten. Als jij het zelf moeilijk vindt om zelfverzekerd en onafhankelijk te zijn, als je onzeker bent ten aanzien van leidinggeven of bang bent om de controle te verliezen, dan maakt een hond je vanaf dag één duidelijk wie het voor het zeggen heeft. Natuurlijk kúnnen honden heldhaftig, wijs, zachtaardig en therapeutisch zijn, maar in eerste instantie zijn ze onderworpen aan hun eigen instinct en de gedragscode die daaruit voortvloeit. En we bewijzen ze een slechte dienst als we ze romantiseren.

En helaas bestaat een relatie niet uit één langgerekte stralend gouden zonsondergang, maar ook uit donkere onweerswolken.

Geweld komt in allerlei vormen voor. Waarschijnlijk is er niemand die niet ooit zelf een keer geweld heeft ondergaan of gebruikt. We kunnen geweld gebruiken tegen dieren door ze te slaan, ze niet te beschermen tegen dierenmishandeling, ze emotioneel te verwaarlozen, geen grenzen te stellen of eenzijdig van ze te profiteren. Dat zijn allemaal vormen van geweld en wreedheid. En het toppunt van ellende: als een mens zijn dier mishandelt, kan dat het eerste teken zijn van een psychische ziekte.

Houden honden dan zoveel van ons dat we álles bij ze kunnen maken? Is bijvoorbeeld de liefde van mishandelde honden voor hun eigenaar een echte persoonlijke relatie? Of komt dat eerder neer op een vorm van het stockholmsyndroom, dus de sympathie van een slachtoffer voor zijn ontvoerder, zoals sommige critici de mens-hondrelatie typeren?[27]

En hoe zit het dan tussen mij en Shira? Is het woord 'nee', dat in haar onstuimige puppyperiode bijna haar tweede naam was, eigenlijk geen vorm van dwang? Hoe lief je ook bent voor je hond, je zult altijd een zekere vorm van druk op hem moeten uitoefenen.

We kunnen honden niet vrij hun gang laten gaan. Zonder halsband en lijn zouden ze het in het drukke verkeer op straat niet lang overleven. Ik vond de puppytraining in zoverre waardevol dat Shira de belangrijkste basiscommando's moest leren opvolgen: zit, plaats, kom, blijf. Dat bood haar veiligheid en gaf mij de mogelijkheid om haar overal mee naartoe te nemen. Als ik daarmee dwang heb toegepast voor haar eigen bestwil en veiligheid, dan beken ik schuld.

Feit is dat tegenwoordig maar weinig honden een autonoom leven leiden. Vroeger kon het gebeuren dat een meute honden de hele dag buiten was en door een dorp struinde. Nu worden ze opgesloten in huis. Wij beslissen alles voor ze: wanneer en wat ze eten, wanneer ze uitgelaten worden en met wie ze mogen spelen. Honden verruilen hun vrijheid voor veiligheid. Of ze dat willen?

Dat wordt ze niet gevraagd. Dit kun je ook allemaal als een vorm van geweld opvatten, al is het voor hun bestwil.

Houden onze honden dus echt onvoorwaardelijk van ons? Of is het misschien beter om jezelf af te vragen of jij onvoorwaardelijk van je hond houdt? Houden jij en ik op een en dezelfde manier van ze? Nee, dat verschilt. Wat niet wil zeggen dat we niet heel, heel sterk aan ons dier verknocht zijn. Iedereen heeft daar zijn eigen stijl in.

Ik verwacht niet dat Shira enkel en alleen van míj houdt. Ik ben blij dat ze graag bij mijn ouders en mijn vriendin is en dat de buren haar verwennen met hondensnacks. Het betekent niet dat Shira minder om mij geeft. Ik wil graag dat mijn hond gelukkig, veilig en gezond is, waar ze ook is. Want daar word ik ook gelukkig van. Als ze naar me toe komt, haar kop in mijn schoot legt en me aankijkt, dan maakt de reden waarom ze dat doet me niet uit. Ze doet het, en dat is voor mij genoeg.

Konrad Lorenz heeft ooit gezegd: 'De wens om een dier te houden komt voort uit een oeroud hoofdmotief; namelijk het verlangen van de cultuurmens naar het verloren paradijs.'[28]

Misschien zie je dit paradijs wel in de ogen van je hond.

JE BENT NOOIT TE OUD VOOR NIEUWE TRUCJES

Jong geleerd is oud gedaan. Dit hebben onze ouders er bij ons ingepompt zodat we ons best zouden doen op school en ijverig ons huiswerk zouden maken. Maar klopt het ook?

Nou, als je jong bent, heb je inderdaad de breedste algemene ontwikkeling. Ik geloof dat ik nooit in mijn leven zoveel heb geweten als in de periode dat ik vwo-eindexamen moest doen. In die levensfase leren mensen heel snel.

Maar ik heb mijn hele leven graag nieuwe dingen geleerd, vooral talen. Ik hou van reizen en vind het altijd geweldig als ik me in een vreemd land min of meer verstaanbaar kan maken. Alleen: zo snel als ik een nieuwe taal leer, zo snel vergeet ik haar ook weer als ik niet blijf oefenen. Hoe zeg je dat? *Use it or lose it*. Tegenwoordig raak ik weleens in paniek als ik me iets niet meer kan herinneren. Eerste symptoom van dementie?

Toen ik op een familiefeestje opeens niet meer wist wat ik ook alweer wilde zeggen en me daar druk over maakte, stelde mijn neef me gerust: 'Cool blijven, tantetje, eerst een beetje chillen, hè. Je moet gewoon ruimte maken op je harde schijf.'

Hij heeft gelijk. Mijn hoofd zit te vol. Geen wonder dat er geen ruimte over is. Hoe ouder ik word hoe meer ik erin stop, zonder aan 'schijfopruiming' te doen.

Juist op latere leeftijd moeten veel honden noodgedwongen nieuwe dingen leren: omgaan met handicaps, een hellinkje op en af lopen, zich heroriënteren als bijvoorbeeld hun gehoor en hun ogen minder goed worden. Jij en je hond leren nieuwe manieren om met elkaar te communiceren. En natuurlijk kun je, anders dan het Engelse spreekwoord beweert, ook oude honden nieuwe trucjes leren. *You can't teach an old dog new tricks…?* Wie dat verzonnen heeft, was geen hondenkenner. Oké, misschien gaat het wat langzamer en met een extra snack als omkoopmiddel. Maar met een beetje geduld lukt het toch echt.

Je doet je bejaarde viervoeter tekort als je hem niet meer mentaal uitdaagt. Je leert je jonge hond zo eindeloos veel en wanneer hij oud wordt, stopt dat. Misschien denk je zoals veel mensen dat je je dier zo een rustige levensavond gunt, maar dan heb je het mis. Want net als bij ons mensen geldt: als je mentaal niets van jezelf vergt, zul je vroeg of laat geestelijk aftakelen. Dat is te wijten aan de dalende productie van de neurotransmitter dopamine, die mentale functies zoals de motivatie en het geheugen ondersteunt.

Als je op gevoelsniveau gemotiveerd en evenwichtig bent, produceert je lichaam hoge doses dopamine. Om die reden wordt het stofje in de volksmond gelukshormoon genoemd.

Het heeft dus zeker zin om als we bejaard zijn voor een verhoogde dopamineproductie te zorgen, gewoon voor ons eigen welzijn. Om te bewijzen dat dit ook bij honden werkt, hebben onderzoekers van de afdeling diergeneeskunde van de universiteit van Wenen speciaal voor honden een spelprogramma voor de computer of tablet ontwikkeld.[29] Het principe is eenvoudig: de hond lost denkspelletjes op door bijvoorbeeld een punt op het scherm aan te raken met zijn snuit. Als hij succes heeft, krijgt hij een beloningssnack. Net als een mens die op latere leeftijd nog een taal leert of een nieuw instrument leert bespelen heeft de hond een positieve ervaring als hij iets nieuws leert en daarmee kan scoren. De constante hersentraining en het oplossen van problemen creëren positieve emoties, die op hun beurt de geestelijke aftakeling vertragen.

Maar ook zonder computerspelletjes weten we dat samen leren de band tussen hond en eigenaar versterkt en tot vreugde en tevredenheid leidt, ongeacht de leeftijd waarop we er iets nieuws bij leren. Dus aan 'jong geleerd is oud gedaan' kun je 'oud geleerd is oud gedaan' toevoegen.

Best jammer dat de software en apparatuur van de Weense wetenschappers nog niet beschikbaar zijn voor thuisgebruik. Er worden softwareontwikkelaars gezocht die de digitale hondengame aanpassen voor thuisgebruik. Tot het zover is, moet ik dus zelf een activiteitenprogramma voor Shira bedenken.

Hoe kun je grijze snuiten zinvol bezighouden? Rondom dit onderwerp worden workshops georganiseerd en zijn verschillende boeken geschreven. Voor labradors zoals Shira is alles interessant wat met apporteren en neuswerk te maken heeft. Voor honden die plezier hebben in speuren is *mantrailing* een bijzonder geschikte bezigheid, die bovendien relatief onafhankelijk is van leeftijd en gezondheid. Hierbij volgen de honden een menselijk geurspoor. De hond krijgt een geurobject van de persoon die hij moet zoeken en oriënteert zich op de specifieke geur. En dat op elke ondergrond: bos, weide, maar ook asfalt. Ook de begeleider van de hond wordt uitgedaagd. Hij of zij moet de hond kunnen lezen, dat wil zeggen de signalen die het dier tijdens het zoeken afgeeft, zoals minieme veranderingen in de lichaamshouding en bewegingen van de staart en de kop, interpreteren en daar adequaat op reageren. Het lezen en interpreteren van geuren daagt de honden ook mentaal uit, wat het concentratievermogen enorm bevordert en verbetert.

Voor oude honden is mantrailing een ideale bezigheid, zelfs als ze orthopedische problemen hebben, want de belasting van het skelet is relatief gering. Ziekten zoals heupdysplasie, spondylose en artrose, of ontbrekende ledematen, blindheid enzovoorts staan neuspret niet in de weg. Nog een voordeel van deze training: omdat de honden individueel en aan een lange lijn trainen, hoeven ze niet verdraagzaam te zijn jegens soortgenoten. Ook norse oudjes kunnen ongestoord werken.

Ik heb Shira in haar jonge jaren al veel trucjes geleerd die ook nu nog lukken. Af en toe word ik door mijn buren uitgenodigd op een kinderverjaardagsfeestje. Nou ja, eigenlijk wordt Shira uitgenodigd. Ze mag dan tot algemene vreugde van de kinderen haar kunstjes vertonen. Sommige dingen gaan weliswaar niet meer zo goed als vroeger. Shira's achterpoten zijn nu te zwak om erop te dansen, maar het zittende haasje (opzitten op de achterpoten) lukt nog steeds, net als tussen mijn benen door slalom lopen of op het commando Peng! omvallen. Het slalommen hoort trouwens bij Shira's fysiotherapie. Ze brengt ook nog steeds fanatiek de post vanaf de voordeurmat de huiskamer in en draagt de geleegde papierafvalmand naar de werkkamer. Waarschijnlijk zit ze op één lijn met Mahatma Gandhi, die zei: 'Leef alsof je morgen doodgaat en leer alsof je voor eeuwig leeft.'

De tijden dat ik met Shira door het bos jogde, zijn voorbij. Nu doen we het rustig aan. Tijdens het wandelen in slentertempo is me opgevallen hoeveel afval er in het bos op de grond ligt. Etensresten in piepschuimbakjes, koffiebekertjes, plastic flessen, lege sigarettenpakjes. Allemaal weggegooid door achteloze medemensen. Op een gegeven moment kwam ik op het idee een vuilniszak mee te nemen tijdens boswandelingen om het afval van anderen in te verzamelen. Shira was meteen enthousiast en hielp mee. Inmiddels zijn we regelmatig in de weer als 'natuurredders' op onze favoriete wandelroutes. Voor mij is het een goede gymnastiekoefening. In plaats van te bukken om iets op te tillen ga ik door de knieën, precies zoals mijn fysiotherapeut me aanraadt. Bij ontoegankelijke plekjes of in het water is Shira aan de beurt. Ik wijs haar een bepaalde richting aan en zij apporteert alles wat ze als vreemd beschouwt. Dat traint niet alleen de kop en neus van mijn oude dame, maar geeft mij ook nog het goede gevoel dat ik iets voor het milieu heb gedaan.

Oude honden maar ook bejaarde mensen kunnen levenslang nieuwe dingen leren en zijn in sommige vaardigheden zelfs menig beginneling de baas. Leeftijd kan een makkelijk excuus zijn om iets niet te hoeven doen. 'Daar ben ik te oud voor' hoor je dan. Maar dat strookt niet met de realiteit!

Neuroloog Arne May van het academisch ziekenhuis Hamburg-Eppendorf heeft met zijn studenten en met ouderen (tussen de vijftig en zevenenzestig jaar) een fascinerend onderzoek uitgevoerd.[30] Hij trainde de proefpersonen drie maanden lang om te jongleren en alleen degenen die vooraf aan de training deze kunst niet verstonden, mochten meedoen. Al deze mensen moesten dus iets compleet nieuws leren. En het lukte hun allemaal. Alleen hadden de ouderen vergeleken met de jonge mensen iets meer tijd nodig. De uitkomst verbaasde de deskundigen, die er tot dat moment van overtuigd waren geweest dat de grijze hersenstof op volwassen leeftijd niet langer toeneemt. Arne May veronderstelt dat tussen reeds bestaande cellen nieuwe verbindingen ontstaan en worden versterkt.

Het enige dompertje is dat in exact hetzelfde hersengebied weer substantie verloren gaat nadat de training of activiteit eindigt. Ons brein is uiterst flexibel en de hersenmassa kan zowel groter als kleiner worden. Voor ons betekent dat: rust roest. Je moet je grijze cellen steeds opnieuw aan het werk zetten door constant iets nieuws te leren. Het hoeft geen jongleren te zijn. Misschien ligt een vreemde taal je beter, of schilderen. Of je begint een studie; in Nederland bestaat het HOVO (hoger onderwijs voor ouderen). Of je schuift als toehoorder aan bij een reguliere studie. Zelf wil ik per se nog leren pianospelen.

Natuurlijk geldt het credo rust roest ook voor lichamelijke activiteiten. Als oudere kun je je motorische zwakheden compenseren door ervaring; ga dus voor een sport of bewegingsvorm die niet al te ingewikkeld is.

Er zijn veel mensen die op vergevorderde leeftijd nog topprestaties leveren. Goethe voltooide zijn *Faust* toen hij al tachtig was. Galileo publiceerde zijn laatste boek op zijn vierenzeventigste. Veel popartiesten, bijvoorbeeld Mick Jagger, toeren als zeventigplussers de wereld rond en inspireren hun fans onverminderd met hun muziek. Dat houdt hen jong en vitaal. Giuseppe Verdi was zevenenzeventig toen hij aan de opera *Falstaff* begon. Grandma Moses heeft in Amerika carrière gemaakt als schilderes, al heeft ze deze kunst pas na haar zeventigste ontdekt. De echte carrière van Theodor Fontane begon pas op zestigjarige leeftijd. Toen schreef hij zijn bekendste werken zoals *Effi Briest* en *Stechlin*. Filmlegende Charlie Chaplin peinsde er niet over om ooit met pensioen te gaan. Na zijn zeventigste werd hij nog twee keer vader en op zijn achtenzeventigste maakte hij als regisseur en scenarioschrijver zijn eerste en enige kleurenfilm *A Countess from Hong Kong*. Heb ik je er nu van overtuigd dat het beste nog in het verschiet ligt?

Bang voor nieuwe dingen? Honden hebben daar geen last van. Ze zijn altijd nieuwsgierig naar het leven. Ik had ooit een goed voornemen voor het nieuwe jaar: onbekende wegen inslaan. In dat jaar heb ik veel gedaan waar ik aanvankelijk totaal niets vanaf wist, en ik heb ontzaglijk veel geleerd. Zo ben ik bijvoorbeeld in een blokhut zonder elektriciteit en stromend water in de wildernis van Minnesota gaan wonen. Daar moest ik leren overleven: houthakken, koken op een houtgestookt fornuis, vissen en vis schoonmaken, een kano bouwen, wilde rijst oogsten en nog veel meer. Voor een groentje zoals ik was dat allemaal verdraaid moeilijk, maar ik heb me nog nooit zo energiek en vitaal gevoeld als in die periode.

Ook met Shira loop ik regelmatig nieuwe routes om haar afwisseling te bieden. Of we maken een bekende wandeling, maar dan in de tegenovergestelde richting. Je staat ervan te kijken hoe anders een vertrouwde omgeving er dan ineens uitziet.

Dat honden ongelooflijk goede leervaardigheden hebben, zie je aan Chaser, een Amerikaanse bordercollie die de namen van

1.022 verschillende voorwerpen kent en ze zelfs in verschillende categorieën (poppen, ballen, frisbees) kan indelen.[31] Haar baasje, psycholoog John Pilley, die haar al die woorden geleerd heeft, kapte het experiment na drie jaar af. Dat was niet omdat Chaser niets meer leerde, maar omdat hij, Pilley, het helemaal zat was en niet de rest van zijn leven bezig wilde zijn met zijn hond continu nieuwe woorden te leren. Dus de mens raakte verveeld, niet de hond.

Je kunt veel voor elkaar krijgen en leren door gewoon weetgierig te zijn. Carl Naughton heeft een boek over weet- en nieuwsgierigheid geschreven.[32] Hij zegt: 'Wie leert zonder te genieten, raakt verbitterd. Wie geniet zonder te leren, wordt dom.' Volgens zijn onderzoek hebben nieuwsgierige mensen tot zestig procent meer bevredigende sociale contacten en zijn ze creatiever en consciëntieuzer in hun werk. En via nieuwsgierigheid komen we weer terug bij het ons bekende gelukshormoon. Want als je je openstelt en nieuwe dingen meemaakt, produceert je beloningsysteem meer gelukshormonen. Kort en goed: nieuwsgierigheid en leren maken je gelukkig.

Kiezen voor verandering. Flexibel zijn. Af en toe uit je comfortzone stappen. Dat maakt jou en mij sterk en gelukkig. Nieuwe dingen leren is voor ons allemaal – mens en hond – soms gruwelijk lastig en tijdrovend. Maar zo is het leven nu eenmaal. Daarom zeg ik met Shira:

Heb schijt aan je leeftijd. Blijf nieuwsgierig. Beweeg, wees niet bang om iets nieuws uit te proberen en zorg dat je plezier hebt in je leven.

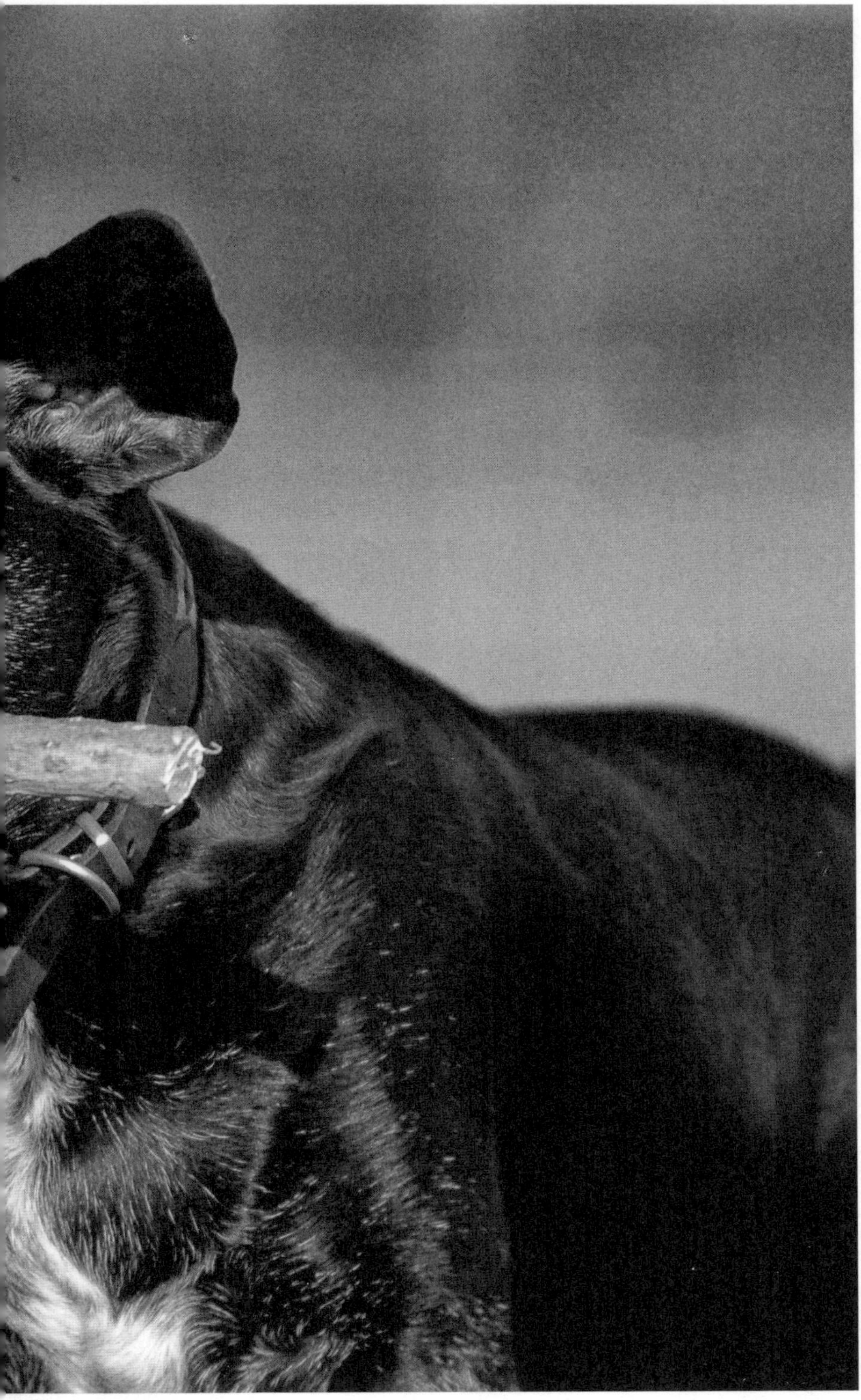

SPRING VAN VREUGDE – ALS JE KUNT

Shira springt opgewonden als een pup in het rond en blaft opgetogen als ik de auto haal. Ze wil rennen, zoeken en spelen. Ik weet dat ze vanavond weer zal strompelen, omdat ze gewoon niet langzaam achter een bal aan kan lopen. Dan zal ik haar een pijnstiller geven en sorry tegen haar zeggen. Moet ik stoppen met apporteerspelletjes om haar te sparen? Een hond bij wie het apporteren in de genen zit? Nee, dat kan ik niet over mijn hart verkrijgen. Ik weet dat mank lopen de prijs is die zij en ik betalen voor haar pret.

Shira is ook nu ze oud is nog steeds een baljunkie. Ik probeer onze spelletjes te beperken of te vertragen. In plaats van de bal weg te gooien verstop ik hem en laat haar ernaar zoeken. Neuswerk is niet zo belastend voor de gewrichten.

In principe is spelen opzettelijke tijdverspilling, zonder een doel na te streven. We praten altijd over hoe we alles beter, sneller en slimmer kunnen doen. We moeten multitasken, het innerlijk evenwicht bewaren, in een flow zitten en een heleboel ballen tegelijk in de lucht houden. Maar ik vind het momenteel belangrijker om tijd te verspillen, lol te hebben met mijn oude hond en me doof te houden voor de inwendige 'slavendrijver'. Diep in mijn hart hou ik van spelen, net als Shira. Hoe zou ons leven eruitzien als we steeds weer korte, onproductieve, maffe, wilde en heerlijke speelpauzes in zouden lassen? Als jij en ik in gedachten zouden houden dat je je tijd beter door kunt brengen met liefhebben, leren en lachen? En niet met ploeteren en plannen? Met haast verdwaast?

Terwijl ik met Shira door een veld wandel, hoor ik de geestdriftige stemmen van een man en een vrouw: 'Arko, suuuper! Jaaa, kom maar bij de baasjes!' Nieuwsgierig kijk ik wat er aan de hand is. Een bejaard echtpaar probeert een hond over te halen een apporteerpop naar hen terug te brengen. Ze springen allebei in het rond, doen gek, laten zich op hun knieën zakken en spreiden hun armen uit om Arko warm te onthalen, die hen in zijn stormachtige vervoering bijna omvergooit. De twee oudere mensen lachen en ondersteunen elkaar terwijl ze moeizaam overeind komen.

'Hij is al twaalf en komt uit het asiel,' vertellen ze me. 'We wilden eerst geen hond meer op onze leeftijd. Maar toen werden we verliefd op hem.' Nu gaan ze elke dag wandelen, voelen ze zich fit en gezond en hebben ze heel veel lol met elkaar.

Honden laten ons weer kind worden. Het enthousiasme van een hond voor elk snippertje plezier werkt aanstekelijk. Of het nu tijd is voor een wandeling of dat er een nieuw speeltje voor de dag gehaald wordt of iemand aanbelt; mijn Shira reageert ook op haar leeftijd nog steeds uitgelaten. Ze springt op, kwispelt met haar staart en barst bijna van enthousiasme.

Misschien zouden we dit soort reacties gewoon in ons eigen leven moeten opnemen. Als de dagelijkse sleur je weer eens te veel wordt, sta dan even stil en ruik aan een roos. Snuif de geur diep op en gedraag je vervolgens als een hond: zodra een onbekende naar je kijkt, werp je hem een stralende blik toe en wens je hem een heel fijne dag. Complimenteer de oude dame in de winkelstraat met haar originele hoedje. Ga compleet uit je dak als een vriend je uitnodigt om een kop koffie te komen drinken. Hou jezelf niet in. Toon grote bezieling voor de kleinste dingen en lach om de verbluften gezichten van je medemensen. Je zult je niet alleen ontspannener voelen, maar ook zien hoe mooi alles om je heen is. Je zult blij zijn met de eenvoudige dingen van het leven!

Dieren spelen het meest in de eerste maanden van hun leven, want dan ontwikkelen hun hersenen zich razendsnel. Op latere leeftijd zijn ze niet meer zo sterk afhankelijk van spelprikkels. Maar wat blijft is het plezier in spelen en leren. De pret die honden hebben als ze spelen, zou ons ertoe moeten verleiden hen na te doen. Als je iets met plezier doet, leer je makkelijker en sneller. Spelen traint niet alleen het lichaam maar ook de geest. Het voedt je ziel met nieuwe ideeën en creativiteit en is een broodnodige onderbreking van je dagelijks werk. Als je constant doorholt zonder tijd te nemen om je batterijen op te laden, voel je je ten slotte altijd moe en gesloopt. Het zou dus veel beter zijn om in plaats van multitasking *multiplaying* in te voeren; breng meer fun en spel in je leven! Positieve gevoelens, gedeelde vreugde en samen dikke pret hebben, brengt levende wezens dichter bij elkaar.

Maar laten we eerlijk zijn; veel gelegenheid om hun levenslust te tonen en hun blijdschap uit te drukken, hebben onze honden tegenwoordig niet echt meer. Veel te veel mensen verbieden hun honden naar elkaar te happen tijdens een uitbundig spel, beschouwen speels grommen als gevaarlijk en ervaren vriendelijke duwtjes van de hondensnuit tegen hun hand tijdens het uitlaten als hinderlijk. Bepaald gedrag is ongewenst. De sociale druk die mensen oplegt om rekening met elkaar te houden, dwingt onze honden in een korset. Ze moeten 'functioneren', vooral als ze in een grote stad wonen. Des te belangrijker is het dan ook dat wij ze ruimte voor zelfontplooiing geven, momenten waarop ze helemaal zichzelf mogen zijn. Bijvoorbeeld door samen te spelen. Wie de kans krijgt om zich even lekker uit te leven, kan beter omgaan met stress. En mensen en honden die het goed met elkaar kunnen vinden, hebben het ook makkelijker in hun dagelijks leven en ervaren een intiemer wederzijds contact.

Heb je weleens een hond gezien die om zijn eigen as draait en op en neer springt omdat hij achter zijn bal aan wil rennen of een snack verschalken? Zou het niet geweldig zijn als we allemaal zulke dartele sprongen konden maken omdat we ons ergens op verheugen? We leven zo jachtig dat we vaak vergeten echt warm te lopen voor iets en de goede momenten te vieren, want we zijn alweer onderweg naar het volgende agendapunt. We leven op een prachtige wereld waar elke dag de zon opgaat, waar bloemen bloeien en de jaargetijden wisselen. Er zijn zoveel aanleidingen om bokkensprongen (of hondensprongen) van vreugde te maken.

Zoek iets wat je leuk vindt om te doen en doe het! Ik heb nog nooit een hond meegemaakt die het te druk had om plezier te hebben. Maar ik heb wel veel mensen ontmoet die het zo vergaat. Ga naar buiten of maak een rondedans in je huis als je alleen bent. Doe eens gek en heb lol! Het leven is te kort om niet te spelen of geen plezier te hebben; voel je goed samen met degenen die belangrijk voor je zijn.

Shira roept me op haar manier voortdurend op om te genieten van de dingen die dicht bij huis liggen (of zitten of staan). En wil je me nu alsjeblieft excuseren? Ik moet buiten een balletje gaan gooien.

GEEF ME GEDULD, MAAR EEN BEETJE SNEL GRAAG

Het is een stormachtige donkere januaridag, nog vrij vroeg in de ochtend. Shira komt in beweging, staat op en schudt zich. Dat is voor mij het sein dat ze eruit moet. Meestal laat ik haar gewoon de tuin in, maar deze keer trippelt ze naar de gang waar haar lijn aan de kapstok hangt. Dat betekent dat ze een grote boodschap moet doen. Ik trek een joggingbroek aan over mijn pyjama en laat me in een licht jack glijden. Mijn pantoffels houd ik aan. Voor een snel uitlaatrondje kan dat best. Dan heb ik straks meteen een paar uur de tijd om ongestoord te schrijven. Ik pak haar lijn, doe haar een reflecterende halsband om en hup, daar gaan we naar de grote hondenweide aan de rand van het bos.

'Doe maar gauw een drol, meisje!' kwetter ik tegen de dove Shira. Maar in plaats van zoals gewoonlijk zonder omhaal haar achterste te laten zakken om te poepen, loopt ze in alle rust te lanterfanten door het licht bevroren gras.

De eerste regendruppels vallen en de wind rukt aan mijn jack. Ik heb geen paraplu bij me, omdat ik dacht dat het een kort rondje zou worden. Het gaat harder regenen met grote, ijskoude druppels. Ik ben nat en moe en sta te rillen van de kou. De verlichte ramen van mijn huis lonken me verleidelijk warm toe. Maar ik sta stokstijf stil en trotseer de elementen.

Ondertussen lijkt Shira haar doofheid te willen compenseren met intensief neuswerk. Uitgerekend nu! Daar sta ik dan bibberend in de ijsregen, erin geluisd door mijn oude hond, die deed alsof ze vreselijk dringend moest poepen en plassen, maar die nu in plaats daarvan elke vierkante centimeter van het weiland onderzoekend besnuffelt. Geen zweempje schuldgevoel, geen medelijden, of zelfs maar een beetje aandacht voor haar verkleumde vrouwtje.

Eindelijk hurkt ze neer en doet ze alles wat ze moet doen, ze schudt zich uit zodat de druppels in het rond vliegen en draait zich vrolijk grijnzend en kwispelstaartend naar me toe. 'Heerlijke ochtend, hè? Alles is voor mekaar. We kunnen weer naar huis!'

Ik ben verkild tot op het bot; en tegelijkertijd weer eens volledig in de ban van mijn hond. Ik hou van haar met al haar koppigheid en kalmte, ze laat zich niet van de wijs brengen door weer en wind of gezeur van het vrouwtje. En ja, ik ben er jaloers op.

Wij die met een oude hond leven, leren ons eigen halsbrekend tempo ondergeschikt te maken aan zijn trage levensritme. En je realiseert je altijd dat je geduld moet hebben als je op het punt staat het te verliezen. Voor de meeste mensen is tijd even kostbaar als geld, maar het leven op aarde heeft lak aan van onze propvolle agenda, het verloopt in een natuurlijk ritme. Waarom zou ik mijn hond opjutten om iets te doen waar ze nog geen zin in heeft? Iedereen die ooit in de stromende regen heeft staan wachten tot zijn hond gepoept of geplast heeft, weet waar ik het over heb. Ik hou me nu aan Shira's persoonlijke planning.

Wat betekent geduld tegenwoordig? Ik heb altijd het gevoel dat ik overal in de langste rij sta. En heb ik in de supermarkt eindelijk de kassa bereikt, dan kun je er donder op zeggen dat de kassière juist een koffiepauze neemt, of dat de oude dame voor me haar portemonnee leegkiepert op de kassaband om uitgebreid haar kleingeld te tellen. In de file op de snelweg lijken de andere bestuurders altijd sneller vooruit te komen. En de trein heeft sowieso steevast vertraging. We hebben het wachten verleerd. Veel te veel dingen zijn nog slechts een muisklik van je verwijderd. Als ik onderzoek moet doen voor een lezing of een boek, hoef ik geen boeken in een bibliotheek meer door te pluizen of te lenen; ik ga gewoon online. Vroeger wachtte ik wekenlang op een pakketje; tegenwoordig bestel ik 's morgens bij een grote webwinkel en wordt mijn order de volgende dag al bezorgd. We zijn eraan gewend dat alles volgens ons plan verloopt. Als het anders gaat, reageren we geïrriteerd. Van wachten worden we gestrest.

Als ik aan een boekproject werk, of erger nog, als ik een harde deadline heb voor een manuscript, dan draait alles erom hoe ik dat op tijd afkrijg. Het is dag en nacht druk in mijn hoofd. Ik zie niets meer van wat er in mijn directe omgeving gebeurt. Op een gegeven moment kan ik niet meer. In zulke perioden ben ik regelmatig geestelijk uitgeput. Ik raak in paniek en de moed zakt me in de schoenen vanwege de reusachtige berg die voor me opdoemt en die ik niet kan beklimmen. Ik sta op het punt mijn creativiteit te verliezen. Ik wil alleen nog maar minstens een half-jaar lang ontsnappen naar een onbewoond eiland.

Dan zie ik Shira. Ze rolt zich genietend op haar rug, trappelt met haar poten in de lucht en is tevreden met zichzelf en de wereld. Om jaloers op te worden. Waarom kan ik niet zo zijn? Waarom moet bij mij alles nú direct gebeuren? Waarom zet ik mezelf zo onder druk?

Terwijl mijn oude dametje me toch elke dag laat zien hoe het anders kan. Vroeger was ze een razende roeland en amper te stuiten, maar tegenwoordig ligt ze in de zon en observeert ze in alle rust de dingen om zich heen. Van de inhaalstrook op de snelweg is ze afgeslagen naar de dertigkilometerzone van een gemoedelijk woonwijkje. Haar hele wezen drukt een benijdenswaardige onthaasting uit. Mijn oude hond lijkt te leven volgens het Japanse spreekwoord: 'Heb je haast, ga dan zitten. Heb je nog meer haast, bedenk dan een omweg.'

Ik probeer het haar na de doen. In plaats van te trappelen van ongeduld als zij met elke grasspriet persoonlijk kennismaakt en elke bloem voor honderd procent besnuffelt, sta ik bewust stil en observeer ik haar wereld. Het gras is vochtig van de regen, dauwdruppels glinsteren in de ochtendzon. Een vogel zit op een tak en zingt een lied. Het klinkt naar lente. Boven in de lucht trekken de eerste kraanvogels luid schetterend over het landschap. Ik voel de warmte van de zon op mijn gezicht. Shira is klaar met snuffelen. Ze zoekt me. Ik ben niet snel verder gelopen, zoals ik anders vaak genoeg doe, maar sta nog steeds op dezelfde plek. We glimlachen naar elkaar. Stilzwijgend zijn we het eens: het leven is mooi.

Het manuscript is zomaar ineens ver weg, met deadline en al. Mijn haast is even uitgeschakeld. Geduld is een cadeau dat mijn koortsachtig gejakker voor korte tijd stillegt.

Toen ik in Hamburg was om een lezing te geven, nam ik een time-out om een wandeling door het park te maken. Daar zag ik een man die met eindeloos geduld bezig was met zijn hond. De hond was uitgebreid aan het 'krantlezen': hij snuffelde hier en daar, liep een paar passen de parkvijver in en keek om zich heen. Baasje bleef er kalm onder.

Heel anders dan een andere man die, strak in pak, ook door het park struinde en zijn hond achter zich aan sjorde terwijl hij driftig op zijn smartphone tikte en er af en toe op boze commandotoon iets in brulde. De viervoeter leek alleen maar een lastig aanhangsel te zijn. De man had net zo goed alleen de hondenriem met halsband met zich mee kunnen trekken; zonder hond. Dit soort mensen zou ik soms bij hun schouders willen pakken en door elkaar schudden. 'Waar ben je nou mee bezig?' Maar waarschijnlijk zou ik alleen onbegrip oogsten.

We hebben continu haast. Tijdgebrek is een manier van leven geworden. De wereld draait in een hoger tempo. Veel mensen voelen zich gejaagd en staan machteloos tegenover het snel voortratelende rad van de tijd. We gebruiken elke minuut die we aan tijd winnen om steeds meer in de dag te proppen. Hier een beker koffie to go, daar een speedtraining in de sportschool.

Met elke technische innovatie die het leven makkelijker moet maken, gaan we in een hogere versnelling. Nietsdoen betekent voor veel mensen tijd verknoeien. Met inactiviteit kunnen we bijna niet meer uit de voeten.

Honden laten je momenten in het leven zien dat de wereld tijdloos is. Het samenzijn met mijn oude hond brengt me ertoe om over de volgende uren of de volgende week na te denken en me op de langzame kant van het leven te concentreren. Ik onttrek me aan de tempodwang van onze wereld. Ik schep kleine rusteilandjes en voel diepe dankbaarheid voor die momenten van ontspanning.

Tijd. Hoe onbelangrijk is dat in het grote geheel van het universum. Dat werd me eens te meer duidelijk bij de aanblik van het onbemande ruimteschip Rosetta. In het Hessische Landesmuseum in Darmstadt werd in de zomer van 2017 een bijzondere tentoonstelling gehouden van de European Space Agency over Rosetta, de Europese kometenjager. Het heelal en de ruimtevaart hebben me altijd gefascineerd. Toen ik deze ruimtesonde zag, werd ik me bewust van het brede begrip van tijd. Ik vergeleek de reis van Rosetta met Shira's leven.

In maart 2004 vervoerde een Ariane-raket de sonde de ruimte in om de ontstaansgeschiedenis van ons zonnestelsel te onderzoeken. Op dat moment bestond Shira nog niet; ze werd pas een jaar later geboren. In november 2014, dus tien en een half jaar later, zette de ruimtesonde haar lander, Philae genaamd, af op de komeet 67P/Tschurjumow-Gerassimenko. In september 2016 landde ook Rosetta op deze komeet en had ze haar taak vervuld. Aan het einde van de ESA-missie was Shira een oude hond. Rosetta had in haar korte leven zeven miljard kilometer afgelegd.

Cijfers als deze maken de levensduur van een hond tot een

knipoog van de eeuwigheid. Ons heelal is oneindig en onze planeet is heel, heel oud. Dit besef maakt me nederig en dankbaar dat ik mijn korte tijd op aarde met mijn hond mag doorbrengen. Wat een ongelooflijk schitterend 'toeval' dat wij elkaar op deze aardbol hebben gevonden!

OMARM DE STILTE

Shira ligt in het gras. De zon brandt, het is voor ons allebei te warm. Ik kijk naar haar terwijl ze ligt te slapen. Opeens voel ik tranen prikken in mijn ogen. Waarom komt uitgerekend nu de ellendige gedachte in me op dat ik haar op een dag zal kwijtraken? Maar wat ik nog akeliger vind, is wat zíj kwijtraakt. Ze kan niet meer zo snel door de velden racen als vroeger, urenlange wandelingen zijn verleden tijd. Maar waarom ga ik ervan uit dat dat verlies ook haar aangrijpt? Hoe kom ik erbij dat ze gefrustreerd is vanwege haar veranderende vaardigheden? Hoe goed ken ik Shira eigenlijk?

We denken dat we onze honden kennen, dat we ze kunnen lezen. Het samenleven met een hond is één lang interpretatieproces. We hebben onze eigen vorm van taal ontwikkeld waarmee we communiceren. We praten ons leven lang met onze honden, soms meer dan met onze tweevoetige partners. Met dieren kun je geen contact houden via WhatsApp of Facebook; je bent aangewezen op het gesproken woord.

Denk jij ook dat je hond alleen op de klank van je stem reageert (lof op hoge toon, bestraffing op lage toon) en dat het niet uitmaakt wat je zegt? Mispoes! Een nieuw onderzoek toont aan dat honden ook op de inhoud van je uitspraak reageren.[33] Dus als ik op suikerzoete toon iets gemeens tegen Shira zou zeggen, zou ze dat waarschijnlijk oppikken en het me kwalijk nemen.

Hoewel het misschien toch eerder mijn houding is die me verraadt, want honden oriënteren zich bij hun mens op diens lichaamstaal en gezichtsuitdrukkingen. Het gehoor speelt een ondergeschikte rol. Sinds Shira doof is, heb ik woorden noch klanken tot mijn beschikking om haar een commando te geven. 'Shira, hiiieeeeer!' werkt niet meer. Ze hoort me niet. Nu praat ik met handgebaren. Als de afstand tussen haar en mij wat groter is, gebaar ik 'hiiieeer' als een marshaller op een vliegveld door in duidelijke houding met gespreide benen en armen te gaan staan. Van dichtbij lok ik haar door met mijn handen op mijn dijen te slaan of haar te wenken. Als ik neerkniel met het kom-in-mijn-armen-signaal (mijn armen wijd gespreid), lichten haar ogen op en holt ze me grijnzend in volle bejaardengalop tegemoet. Een uitgestrekte arm met opgeheven hand betekent: stop. Als ze moet gaan liggen, klop ik met mijn vlakke hand op de vloer en 'zit' sein ik door mijn wijsvinger op te heffen. Hoewel dat vroeger ons teken was dat ze moest blaffen. Het kan dus weleens gebeuren dat ze blaft op het commando 'zit'. Jammer dan. We spelen het hoe dan ook klaar.

Als praktische hulpmiddelen gebruik ik de flexilijn op plaatsen waar ze niet los mag lopen. In het donker sein ik met mijn zaklantaarn of laserpointer wanneer ik iets van haar wil. Als ze vast slaapt en ik haar wakker moet maken, pas ik goed op dat ik haar niet laat schrikken. Ik stamp eerst als een olifant op de vloer, zodat ze de trillingen voelt of ik zwaai met een of ander ding, papier of boek, in de lucht om wind te maken. Pas daarna raak ik haar aan. Toen ik haar een keer zachtjes aanstootte zonder dat ze erop voorbereid was, schrok ze ontzettend en sprong ze een halve meter in de lucht. Ik heb van meerdere hondenbezitters gehoord dat hun honden weleens hebben gehapt als ze tijdens een wandeling intensief rondsnuffelden en een vreemde hond – of onbekend persoon – hen onverwachts aanraakte. Daarom let ik altijd op hoe andere mensen (en honden) Shira tegemoet treden en probeer ik liefst op voorhand misverstanden te voorkomen. In plaats van 'ze doet niks!' schreeuw ik uit de verte: 'ze hoort niks!'

Ik let nog scherper op Shira's lichaamstaal en moet tegelijkertijd de mijne goed afstemmen. Het is makkelijker om aan mijn eigen lichaamstaal te werken dan te proberen mijn hond te veranderen. Shira dwingt me om heldere boodschappen uit te zenden. Ze wil niet dat ik problemen met haar uitpraat of haar voorstellen doe. Ze verwacht duidelijkheid van me, rustige signalen. Ze wil weten waar ze aan toe is. Dan voelt ze zich veilig. Als ik het huis uit ga en mijn oudje nog slaapt, dan trek ik haar aandacht zodat ze weet dat ik even weg ben. Anders voelt ze zich misschien verlaten als ze wakker wordt; dat wil ik haar niet aandoen.

Door de communicatie met mijn dove hond heb ik geleerd mezelf in de dagelijkse omgang met andere mensen duidelijker uit te drukken. Geen onhandig gebabbel, niet meer om de hete brij heen draaien, maar directe, eenvoudige en duidelijke mededelingen doen. Je staat ervan te kijken hoe makkelijk dit gaat als je er eenmaal mee begint.

Ik heb ook geleerd anders met oude slechthorende mensen om te gaan. Ja, het werkt op je zenuwen als iemand niet verstaat wat je wilt zeggen. Dus wat doen we? We schreeuwen, of we praten helemaal niet meer met die persoon, omdat 'hij immers niets hoort'. Wat als je je tegenover slechthorende mensen nou eens net zo gedraagt als tegenover je dove hond? Je gaat dichter bij hem staan en raakt hem misschien zachtjes aan om zijn aandacht te trekken. Je wendt je niet af terwijl je praat, maar blijft de persoon in kwestie aankijken en spreekt duidelijk. We hoeven niet te schreeuwen tegen slechthorenden of hen in een kleinerend taaltje toe te spreken. Ze zijn doof, niet dom.

Hoe heerlijk het is om niet altijd te hoeven praten (of luisteren), heb ik in een klooster ervaren tijdens een workshop over dieren en religie. In het stiltecentrum in de abdij Königsmünster bij Meschede mocht in de vergaderzalen gepraat worden, maar tijdens de maaltijden en in de rest van het gebouw werd gezwegen.

Het was mijn eerste keer in een stilteklooster en het was een beetje onwennig. In het begin voelde ik me zelfs helemaal niet op mijn gemak. Geen beleefd babbeltje aan tafel. Een hoofdknik ter begroeting, een glimlachje als bedankje wanneer je de broodmand of het zout kreeg aangereikt. Plotseling werd ik helemaal op mezelf teruggeworpen. Geen afleidingsmanoeuvres meer. Na een paar dagen begon ik me te ontspannen, naar mezelf te luisteren en tegelijkertijd de wereld om me heen bewuster waar te nemen. In de stilte hebben je gedachten, herinneringen en gevoelens de kans om echt bij je binnen te komen. Stilte verandert mensen.

Daarna heb ik de stilteoefening ook buiten de kloostermuren uitgeprobeerd. Ik heb zwijgend naar de pakketbezorger geglimlacht terwijl ik het ontvangstbewijs tekende en de kassière in de supermarkt toegeknikt zonder iets te zeggen. Het gekke was dat het niemand opviel dat ik niet praatte. Ze hadden het allemaal zo druk met zelf praten dat mijn zwijgen hun totaal ontging. Onze maatschappij bestaat uit praten, praten, praten. Het leven in een zwijgklooster lijkt vandaag de dag extreem. Maar wat echt extreem is, is non-stop praten. Non-stop! Altijd. Om te communiceren, mededelingen te doen, jezelf achter je woorden te verschuilen, te liegen, tijd te vullen. We vluchten voor de intensiteit van de stilte door te praten. Juist daarom kan stilte een verademing zijn. Wie zwijgt, hoeft niet te doen alsof en kan zichzelf zijn. Ontspannen.

Of mijn dove Shira de stilte ook zo ervaart? Waarschijnlijk maakt het haar niet uit. Anders dan voor mensen, die zoveel waarde hechten aan taal en stem, is het voor haar niet moeilijk om haar soortgenoten te begrijpen en met ze te communiceren. Daarom kan ik haar doofheid ook niet vergelijken met die van een mens. Het heeft zelfs voordelen. Ze slaapt nu veel dieper. En omdat er geen akoestische afleiding meer is, focust ze zich bij het oefenen van nieuwe kunstjes meer op mijn lichaamstaal. In tegenstelling tot een hond die straatgeluiden, geblaf en andere invloeden van buitenaf moet uitschakelen, heeft Shira juist door haar doofheid ongetwijfeld meer concentratievermogen.

Onze oude honden houden van hun leven, of het nu lawaaierig is of stil. Ze laten zich niet kleinkrijgen door ouderdomskwalen. Ook daar kunnen wij een voorbeeld aan nemen.

VERTROUW OP JE INTUÏTIE

Af en toe komt er iemand in ons leven die speciale blijvende sporen achterlaat. Voor mij was het mijn hond Lady, Shira's voorgangster. Vanaf het moment dat ik haar voor het eerst in mijn armen hield tot haar dood, was ze de vreugde van mijn hart en mijn grote liefde. Ik heb van veel honden gehouden. Maar als er voor elk mens één zielenhond bestaat, dan was dat voor mij Lady.

Ik ontmoette haar op de dag voor haar geplande dood. Destijds woonde ik in de VS. Oorverdovend geblaf kwam me tegemoet toen ik de buitendeur van de hondenafdeling van het dierenasiel in Virginia Beach opentrok. Ik zag een grote ruimte die vol stond met benches, twee rijen boven op elkaar. In elke bench zat een hond en de meeste dieren blaften de longen uit hun lijf. Daar hadden ze ook wel reden toe, want ik was hier in het 'dodenasiel', een faciliteit dus waar dieren die na een bepaalde periode niet geadopteerd zijn, worden afgemaakt. Dit is in de VS een gebruikelijke gang van zaken om kosten te besparen en de stroom 'ongewenste' dieren in te perken. Jaarlijks laat men drie miljoen dieren inslapen, omdat niemand ze wil hebben.

Ik was ernaartoe gegaan om voor mijn vriendin een stapel oude kranten en een krat lege flessen af te leveren, die het dierenasiel verkocht om te recyclen en zo wat geld bij elkaar te krijgen. Toen wierp ik een blik in de hondenkooien en zag ik haar...

Het kleine bange labradorteefje dat in een kooi in de bovenste rij zat, in de verste hoek tegen de tralies aan gedrukt. Ze keek me met haar grote bruine ogen doordringend aan, alsof ze me smeekte haar te helpen.

'Je bent er! Eindelijk dan toch! Waar bleef je nou al die tijd?'

Ik geloof dat we soulmates waren lang voordat we elkaar in werkelijkheid leerden kennen.

Ze was de enige met een deken in haar bench. Algauw stond er een van de medewerksters naast me.

'Dit is Lady,' zei ze. 'Morgen laten we haar inslapen.'

'Maar waarom? Ze is zo'n prachtige hond,' zei ik.

'Eigenlijk was ze vorige week al aan de beurt om een spuitje te krijgen. Maar we hebben haar nog iets langer hier gehouden, omdat we ons niet konden indenken dat niemand zo'n lieve hond wil adopteren.'

De medewerkster vertelde dat Lady naar het asiel was gebracht omdat haar eigenaar (die nog een andere hond had) dakloos was geworden en geen tweede hond meer te eten kon geven. Omdat ze constant rilde van de kou en met acht maanden nog heel kwetsbaar was, hadden de medewerkers een deken in haar kooi gelegd. Ik ging voor de traliedeur staan en keek in de bruine ogen. Toen kwam Lady naar me toe en likte voorzichtig aan mijn vingers.

Op dat ogenblik lichtte het donkere hok op alsof er een zonnestraal door een dik wolkendek brak. 'Ik kom terug,' beloofde ik haar. 'En dan blijven we voor altijd samen.'

Kismet is een begrip uit het Arabische cultuurgebied en betekent de door Allah aan de mensen gegeven bestemming of: een onafwendbaar lot. Dat ik mijn stage gedragsonderzoek in een omheind Amerikaans wolvengebied nou net een week eerder had afgesloten om een vriendin in Virginia op te zoeken, dat Lady in dezelfde korte periode door toedoen van een goedhartige asielmedewerkster gespaard was voor de dodelijke injectiespuit én dat ik daar op de valreep kwam aanzetten om papier en lege flessen af te geven; dat was kismet.

Een hond uit een dierenasiel halen is altijd een uitdaging wat betreft de bureaucratische rompslomp. Dat is overal ter wereld hetzelfde. Al bestond er voor Lady geen ander alternatief dan de dood, de regels van het asiel maakten het me niet makkelijk om haar te adopteren. Voor ik haar mee mocht nemen, moest ze eerst gesteriliseerd worden. Bovendien diende gecontroleerd te worden of de hond wel een goed thuis zou krijgen. Tja, ik kon de inspecteurs moeilijk naar Duitsland sturen, dus had ik een probleem. Gelukkig schoot mijn vriendin me te hulp. Ze had al verschillende dieren uit het bewuste asiel geadopteerd en stond garant voor mij en het toekomstige onderdak van Lady. En hoewel de exploitanten van het dierenasiel zich formeel wel aan de wet hielden, spanden ze zich tot het uiterste in om de regels voor ons om te buigen. Ik moest een aantal dagen wachten tot ik groen licht kreeg, maar ik had er alle vertrouwen in dat het zou lukken.

En echt, het was niet zonder reden dat zoveel toevalligheden ervoor zorgden dat Lady en ik samen konden blijven. Vertrouwen werd de basis van onze lange relatie.

Voor we op het vliegtuig naar huis stapten, reisden Lady en ik een halfjaar door de VS en leerden we elkaar beter kennen. Teruggekomen in Duitsland moest ik me in mijn privéleven door een heel moeilijke periode heen slaan. Mijn leven was chaotisch, niet alleen volgens menselijke criteria, maar ook naar hondenmaatstaven. Lady maakte samen met mij meerdere verhuizingen mee, we verkasten twee keer naar een andere woonplaats en ik kreeg een pijnlijke echtscheiding voor mijn kiezen. Het enige wat stabiel was in mijn leven was de liefde van mijn hond. Ze vond de vele veranderingen beslist niet fijn, maar we wisten zeker dat uiteindelijk alles goed zou komen.

We leren allemaal op een gegeven moment dat het oké is om los te laten en te vertrouwen op wat er komt. Met Lady heb ik ervaren dat vertrouwen kan groeien en even onvoorwaardelijk kan zijn als liefde.

Zonder vertrouwen – in jezelf en in anderen – kun je niet leven. Stel dat ik er voortdurend over zou piekeren of ik wel goed voor mijn hond zorg, dan zou ik één brok angst zijn. Dus doe ik gewoon mijn best en vertrouw ik erop dat alles goed komt en gaat zoals het moet gaan. Vertrouwen geeft kracht en houvast, het bevordert de maatschappelijke veiligheid en integratie.

Het gaat goed met ons Duitsers. We leven in een rijk en veilig land. Maar toch wantrouwen we alles en iedereen. Toen ik in Minnesota in de wildernis leefde, deden we onze blokhut nooit op slot, zelfs niet als we voor langere tijd naar het buitenland gingen. 'Je weet nooit of iemand in nood raakt en hulp nodig heeft,' zei mijn vriend. Dan zou het goed zijn als diegene een hut die niet afgesloten was, zou aantreffen als veilig onderkomen. Je vertrouwde elkaar.

Vertrouwen is van levensbelang. Je rijdt met de auto naar je werk en vertrouwt erop dat de verkeerslichten functioneren. Of dat de architect die betrokken was bij de bouw van je woning, zijn werk goed heeft gedaan, zodat het plafond niet instort. We vertrouwen op de diagnose van onze huisarts. Als jij en ik dat allemaal niet zouden doen, waren we absoluut niet in staat tot handelen.

Wie vertrouwt, heeft moed nodig om zich open en kwetsbaar op te stellen. Zelf ben ik mijn leven lang al te goed van vertrouwen geweest; en ik heb vaak genoeg de deksel op mijn neus gekregen. Op een gegeven moment stelde ik me nog maar voor een heel klein groepje intimi open om niet gekwetst te worden. Ik bleef liever alleen en had graag alles onder controle. Maar controle is een illusie. Wie kan over zichzelf zeggen dat hij of zij nog nooit belogen of bedrogen is? Van Lady én van Shira heb ik geleerd dat het oké is om de mensen met wie ik op goede voet sta ook echt te vertrouwen. Zelfs als dat kan betekenen dat ik word gekwetst. Zo is het leven nu eenmaal.

Ik hoef me in dit opzicht trouwens niet zoveel zorgen te maken. Een onderzoek van sociaal psycholoog David Dunning van de Cornell University in New York wees namelijk uit – door middel van een serie vertrouwensexperimenten met studenten – dat meer dan tachtig procent van de bevolking volledig betrouwbaar is.[34] Acht van de tien onbekenden betaalden het geld terug dat iemand hun in bewaring had gegeven. Zelfs als ze het geldbedrag ongestraft hadden kunnen houden. De resultaten waren in de vs, in Nederland en in Duitsland precies hetzelfde.

Een andere recente enquête toont aan dat bijna de helft van de mensen interessante projecten zou willen ondersteunen door crowdfunding.[35] Dit soort initiatieven kunnen projecten, nieuwe producten, start-ups en nog veel meer financieren. Het bijzondere ervan is dat een heleboel mensen eraan bijdragen. Ook dergelijke ondernemingen zijn gebaseerd op vertrouwen.

Het is niet toevallig dat deskundigen vertrouwen bestempelen als sociaal kapitaal. Het maakt dat kinderen zorgeloos buiten op straat en in de buurt kunnen spelen en dat zakenmensen met een handdruk een overeenkomst kunnen sluiten. Het is overduidelijk: vertrouwen maakt het leven makkelijker.

En het maakt gelukkiger, want als je er in eerste instantie van uitgaat dat je medemensen goede bedoelingen hebben, treed je hun zonder argwaan tegemoet. En daar word je voor beloond. Althans, meestal. Vertrouwen is een gevoel dat zich soms onttrekt aan bewuste controle.

Honden begrijpen wat zich onder de oppervlakte afspeelt. Ze gaan af op hun intuïtie. Ook jij en ik vangen die signalen op, alleen hebben velen van ons de eigen intuïtie niet ontwikkeld, of we zijn haar kwijtgeraakt. Ik probeer altijd op mijn instinct te vertrouwen. Als mijn onderbuikgevoel weinig goeds voorspelt en ik me in een bepaalde situatie niet op mijn gemak voel, heb ik ook weinig vertrouwen.

Wanneer ik mensen moet uitkiezen om een klus in mijn huis uit te voeren, let ik erop hoe ze met Shira omgaan en observeer ik hoe mijn hond op de mannen en vrouwen reageert. Brengt ze iemand speelgoed en laat ze zich aaien, dan neem ik diegene aan voor het karwei. Als Shira afstand houdt en op haar hoede is, heeft de sollicitant voor mij afgedaan. In de omgang met onbekenden vertrouw ik op het instinct van mijn hond.

En omgekeerd? Onze honden vertrouwen ons blindelings; hoe ouder ze worden hoe onwankelbaarder hun geloof in ons is. Toen Shira een pup was, duurde het een tijdje voor ze zich op haar rug rolde en haar kwetsbare onbeschermde buik aan me prijsgaf. Inmiddels hebben we onvoorwaardelijk vertrouwen in elkaar. Als Shira ontspannen op haar zij ligt, ga ik naast haar op mijn knieën zitten en aai ik licht masserend over haar rug tot het punt in het onderste deel van haar wervelkolom. Zodra ik dat aanraak, rolt ze zich genietend op haar rug. Dan krabbel ik over haar buik. Dit complete vertrouwelijke ritueeltje ontroert me en ik bid dat ik de mens voor haar kan zijn die zij denkt dat ik ben.

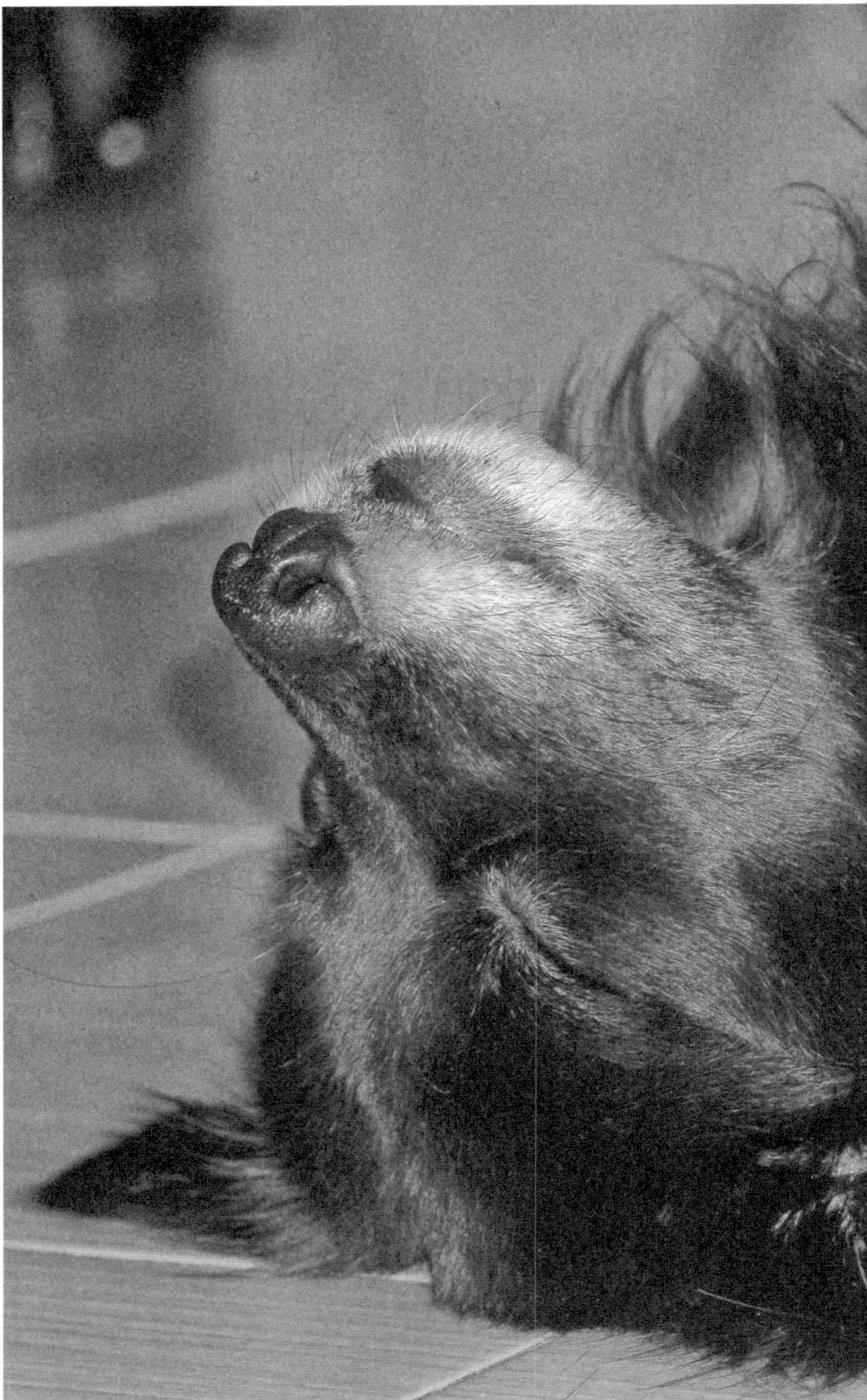

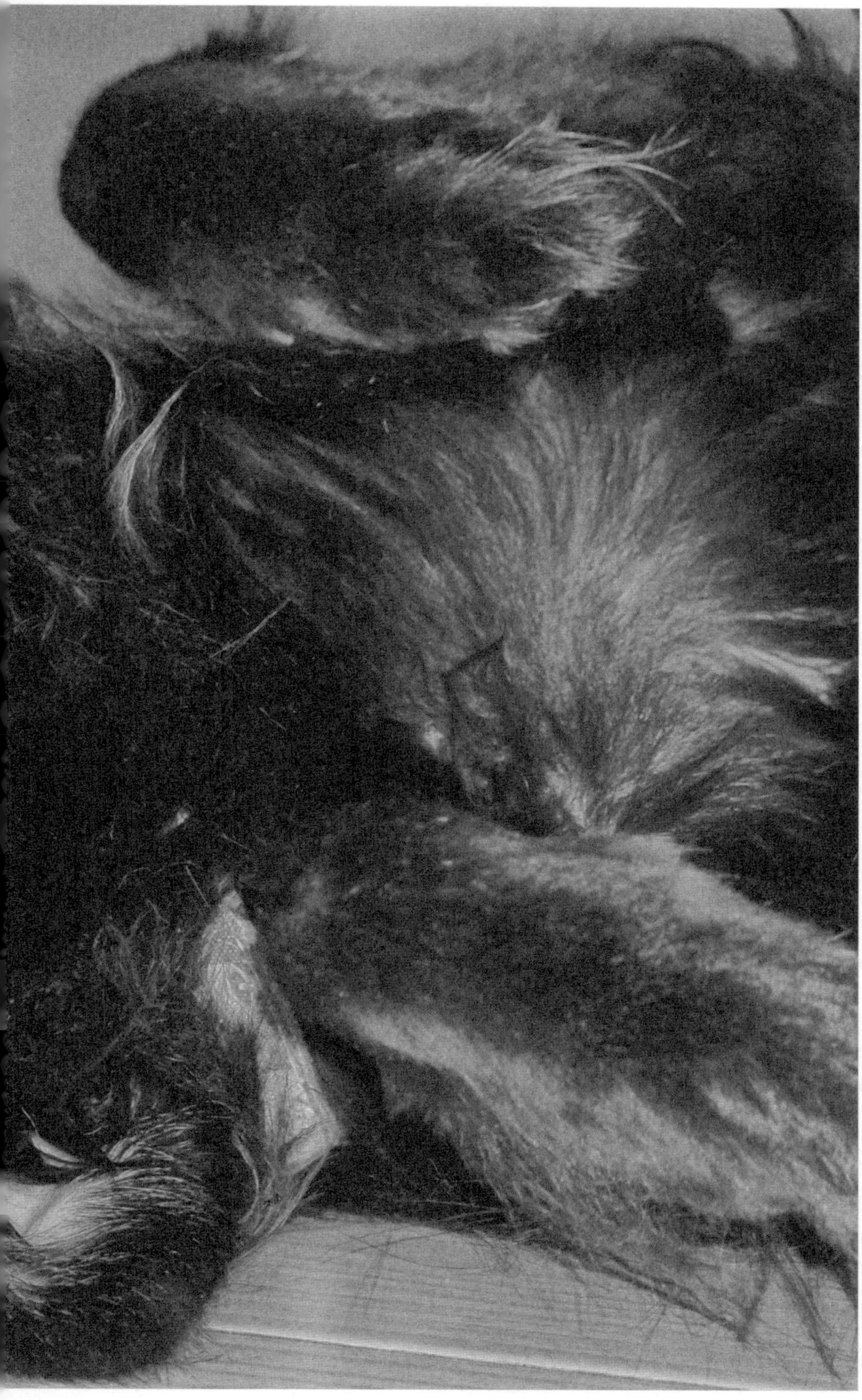

SPULLEN ZIJN ONBELANGRIJK

Het leven is ingewikkeld, van het invullen van de belastingaangifte en het maken van een website tot het opnemen van een tv-programma op een externe harde schijf. Maar dat heeft allemaal te maken met materieel bezit. Honden daarentegen zijn aangenaam bescheiden en met weinig tevreden. Ze hebben maar heel weinig behoeften en wensen. Als ik samen met Shira ben, kan ik alles weer in perspectief zien. Zij maakt me opmerkzaam op de eenvoudige dingen waar we gezamenlijk plezier aan kunnen beleven.

Friedrich Schiller zei: 'Eenvoud is het resultaat van volwassenheid.'[36] Klopt. Als we jong zijn verzamelen we een hoop spullen om ons heen die we zodra we op leeftijd zijn, weer kwijt willen. Waarschijnlijk hebben we op latere leeftijd meer moed om afstand te doen van dingen die niet belangrijk meer zijn. We weten dat we als we doodgaan niets kunnen meenemen. Mijn oma zei altijd: 'Het doodshemd heeft geen zakken.' Alle extra rommel vormt alleen maar een belasting.

Zelf heb ik een tijdje geleden mijn eigen vorm van minimalisme ontdekt. Ik ben gestopt met meer te kopen dan nodig is en mest mijn huis stukje bij beetje uit. De Zweden hebben er een woord voor: *döstädning*. Letterlijk vertaald betekent dit: opruimen voor ik doodga. Zodat niemand zich hoeft te ergeren aan mijn oude troep als ik er niet meer ben. Een briljant idee. De Zweedse schrijfster Margareta Magnusson heeft er een bestseller over geschreven: *Opruimen voor je doodgaat – de edele Zweedse kunst van döstädning.*[37] Ze is tweeëntachtig en vindt dat '...hoe minder spullen je hebt, hoe meer tijd er overblijft om te leven'. Daarnaast is het niet alleen belangrijk dat je dingen loslaat, maar ook dat je je verantwoordelijkheid neemt, voor je medemensen en de volgende generaties. Een van haar belangrijkste inzichten: 'Dingen, mensen en huisdieren loslaten als er geen beter alternatief is, was voor mij de moeilijkste les. Hoe langer ik leef hoe vaker ik die les opnieuw moet leren.' Ik vond het een buitengewoon fascinerend boek dat me enorm geholpen heeft orde te scheppen in mijn huis (en mijn leven). Ook Shira heeft profijt van de nieuwe eenvoud. Omdat ik me nu meer op de essentie kan richten, ben ik duidelijk minder gestrest en afgeleid en heb ik nog meer tijd voor haar.

Als je je directe omgeving laat verrommelen en het gevoel hebt dat je omkomt in het werk, verliest je leven de noodzakelijke samenhang en voelt het alsof de dingen je krachten te boven gaan. Het is belangrijk om je leven structuur te geven. Opruimen helpt, want dan denk je er automatisch over na wat je echt nodig hebt of wilt bewaren.

Ik kleed me eenvoudig. Mode is echt niet mijn ding. Voor wandelingen met de hond heb ik genoeg aan een spijkerbroek en een sweatshirt. Als ik niet af en toe een lezing moest geven, zou ik alleen maar in joggingpak rondlopen. Ik heb dus de bezem door mijn kledingkast gehaald én door de rest van mijn huis. Ik merk dat het overzicht en de ordelijkheid me enorm goeddoen. Hoe minder spullen ik heb, hoe beter ik me op de belangrijke dingen in het leven kan concentreren.

Ik geef alle kleren en spullen weg die ik twee jaar lang niet heb gedragen of gebruikt. Zelfs veel van mijn geliefde boeken heb ik weggedaan. Ik heb alleen de boeken gehouden die heel belangrijk voor me zijn of die ik nog een keer wil lezen. Zo schep ik ruimte op de planken. Voor als ik op reis ben, heb ik een e-reader. En ik koop minder, dat vooral. Bovendien doe ik elke keer als ik iets nieuws aanschaf iets ouds weg.

Ik heb Shira bij mijn minimalisme betrokken en schoon schip gemaakt in haar grote speelgoedkrat. Met de spullen waar ze al een tijd niet meer mee heeft gespeeld, heb ik de buurhonden blij gemaakt en het aantal knuffeldieren is drastisch verminderd. Nee, ik pak 'die arme hond' niets af. Her en der ligt nog zoveel speelgoed verspreid dat ik er soms nog steeds over struikel. De rest heb ik schoongemaakt en in de kelder opgeslagen. Af en toe breng ik dan een 'nieuw' speeltje mee naar boven voor Shira en zij amuseert zich er kostelijk mee. Zou ze doorhebben dat ik haar een beetje beduvel?

Het is bevrijdend om te weten hoe weinig je nodig hebt. Shira en ik beleven nu nog meer plezier aan de simpele geneugten van het leven: in de zon zitten, naar de natuur kijken, wandelen en zwemmen.

Hoe chaotischer en jachtiger ons leven is, hoe meer we verlangen naar innerlijke eenvoud, in ons hart en hoofd. Dan komen we erachter dat we door ons van overbodige materiële zaken te ontdoen en een gezond minimalisme na te streven, ook meer innerlijke ruimte kunnen scheppen.

De Amerikaanse stand-upcomedian Will Rogers heeft ooit gezegd: 'Te veel mensen geven geld uit dat ze niet verdiend hebben om spullen te kopen die ze niet willen om er mensen mee te imponeren die ze niet aardig vinden.'[38]

Ik geef geen fluit om mode en lifestyle, noch voor mij noch voor mijn hond. Shira bezit momenteel drie halsbanden (een voor dagelijks gebruik, een 'nette' en een lichtgevende halsband voor in het donker). Ze heeft één tuigje en vier hondenlijnen. (Een lichte lijn voor in mijn jaszak, de flexilijn voor wandelingen, de oude lijn van haar voorgangster en een sleeplijn, die ik voor haar gekocht heb toen ze een pup was.)

Daarnaast heeft mijn oude dame twee jassen voor het koude seizoen, een van fleece en een regenjasje. Maar bij de aankoop van haar bed heb ik mezelf op kosten gejaagd zonder ook maar met mijn ogen te knipperen. Terwijl mijn eigen meubels uit het welbekende Zweedse meubelmagazijn komen, liggen er voor Shira meerdere luxe orthopedische matrasjes, die haar gewrichten moeten ontlasten; in elke kamer minstens één, meestal twee. Dat heb ik allemaal niet gekocht zodat Shira erover kan opscheppen tegen haar hondenvriendjes. Ze heeft er in principe geen behoefte aan en zou ook tevreden zijn met één simpele deken of één kapot gekauwde bal. Maar genoemde spullen helpen mijn oude hond (en mij) het dagelijks leven makkelijker te maken. Of het mooi is doet er niet toe, maar ik ga wel voor kwaliteit en functionaliteit.

Natuurlijk heb je honden die halsbanden en lijnen in alle kleuren en materialen hebben, plus jasjes en truitjes die passen bij de outfit van het vrouwtje. Maar het zal de viervoeters een zorg zijn hoe we eruitzien. Het liefst lopen honden 'naakt' rond, of liever nog, nat, als je het mijn labrador vraagt. Lifestyle voor honden speelt eerder in op de behoeften van de eigenaars.

Voor Shira betekent geluk over haar buik geaaid worden, een wandeling in de zon – of in de regen – een verwensnack als ze het niet verwacht of een vriendelijk woord. Ze is blij met de eenvoudigste dingen en leeft om liefde te geven en liefde te ontvangen. De lengte van een wandeling maakt haar niet echt uit, het gaat erom dat we samen iets ondernemen. Als ik na een wandeltochtje met haar op een heuvel zit en we samen uitkijken over het landschap, dan glanzen haar ogen van enthousiasme. Ze wendt haar kop naar me toe: 'Bedankt voor de toffe dag!'

LEEF IN HET HIER EN NU

Het weerbericht voorspelt opnieuw een warme zomerdag. Shira en ik vertrekken al in de ochtendschemering om een wat langere wandeling te maken. Later op de dag willen we uitrusten op een schaduwplekje. Ik heb een thermoskan met thee gevuld en boterhammen gesmeerd. Vandaag ontbijten we in het bos. Shira zit lekker in haar vel. Ze rent vooruit, pikt sporen op, inspecteert de 'briefjes' van andere honden in haar sociaal netwerk en laat af en toe een antwoord achter. Op andere momenten gooit ze zich op haar rug in het bedauwde gras en trappelt en spartelt ze met haar poten in de lucht als een kever. Tijdens het ontbijt op een open plek aan de bosrand zitten we dicht naast elkaar op het picknickkleed, genietend van de zonsopgang en het ochtendlied van de vogels. Het leven is prachtig.

Een paar meter verderop waagt een ree zich uit de beschutting van het bos. Vredig knabbelt ze van het gras. Ik stoot mijn oude dametje even aan om haar aandacht op de ree te vestigen. Ze knippert met haar ogen naar me en vervolgens naar de ree. 'Gaaf!' snuift ze zacht, en ze legt haar kop weer op haar voorpoten. Ze volgt de grazer nu alleen met haar ogen, hoewel het dier vroeger een potentiële prooi voor haar was. Een paar jaar geleden zou ik haar nog hebben moeten vasthouden.

De eerste zonnestraal valt op Shira's vacht en omgeeft haar met een gouden licht. En precies op dit wonderbaarlijk mooie ogenblik komen die irritante ongeluksgedachten weer bij me op. Hoeveel tijd zouden Shira en ik nog met elkaar hebben?

Shira heft haar kop op en kijkt me aan. 'Hé, ik zit toch pal naast je,' hoor ik haar zeggen. 'Ik leef nog. Stop met piekeren over de toekomst. Carpe diem!'

Verbaasd constateer ik dat mijn hond de Romeinse dichter Horatius citeert.

'Pluk de dag.' Ze glimlacht breed. 'Wie zegt trouwens dat híj dat heeft verzonnen?'

Ik schiet hardop in de lach, waardoor de ree opschrikt en ervandoor sprint.

'Je hebt gelijk. Als iemand die uitspraak heeft "bedacht", dan zijn jullie het, de dieren. En dat al vele duizenden jaren geleden.'

Carpe diem! Shira heeft me er – voor de zoveelste keer – op gewezen dat ik maar beter dezelfde houding aan kan nemen als zij. Ik zet mezelf veel te vaak onder druk. Als het me te veel wordt, waarschuwt mijn lichaam me. Dan word ik ziek, krijg ik rugpijn of een verkoudheid. Ik moet grenzen trekken, beter voor mezelf zorgen.

Shira is eigenlijk mijn thuiscoach. Ze voelt aan wanneer ik moe word in mijn hoofd en eist juist op zulke momenten haar dagelijkse wandelronde op. Dan ga ik met haar het bos in. Het eerste halfuur tollen de gedachten door mijn hoofd, maar daarna vestig ik mijn aandacht meer en meer op mijn slenterende, treuzelende oudje. Ik kijk toe hoe ze de bosgrond intensief besnuffelt, ik hoor een eekhoorntje schetteren en kijk zoekend omhoog naar de raven die in de boomkruinen roepen. En eindelijk lukt het me mijn gedachten los te laten en mijn geest te bevrijden om het moment te ervaren.

Als Shira een scheurkalender zou moeten ontwerpen, zou ze op elk blad en bij elke datum 'nu' schrijven. Want dat is het enige wat voor haar telt. 'Later' is een begrip dat ze niet kent. Nu ze op leeftijd is, is ze veel trager geworden, maar desondanks maakt ze zich niet druk om haar gewicht en zit ze niet te dubben of ze misschien meer zou moeten sporten. Het zal haar een zorg zijn. Het is om jaloers op te worden.

Honden hebben er een groot talent voor om zich volledig te concentreren op wat ze op dat moment belangrijk vinden. In het geval van mijn labrador heeft dat meestal met eten te maken. Zo weet Shira van al onze buren waar in hun keuken de doos hondenkoekjes staat en herinnert ze zich dit onmiddellijk zodra ze één stap over de drempel van een buurhuis heeft gezet. Dan spurt ze naar de kast met de snacks, eist haar portie op, waarna ze ontspannen gaat liggen. De koekjes zijn al verleden tijd en de toekomst is onbekend. Het enige wat telt, is het moment.

Zelf heb ik te vaak het gevoel dat ik word geleefd. Ik laat me door de dag heen jagen en verdoe mijn tijd met e-mailen en internetten, maar Shira richt zich op één ding. Zoals zij haar energie focust, daar neem ik mijn pet voor af en ik probeer me in navolging van mijn hond beter te concentreren op de taak die op een gegeven moment voor me ligt.

Honden leven in het hier en nu. Niet in de afgelopen vijf minuten, niet in de dag van morgen. In het nu. Ze kunnen hun lievelingsbal tot het middelpunt van het universum maken, maar een paar seconden nadat hij is weggerold, vergeten ze dat die bal er zelfs maar was en richten ze zich op iets anders. Waarom? Omdat honden niet in hun hoofd leven. Wij mensen daarentegen zijn in gedachten voortdurend ergens anders, we spelen het verleden nog eens af in ons hoofd of fantaseren over wat er nog niet is. Een hond is tevreden waar hij op dat moment is, zonder te wensen dat hij heel ergens anders was. Hij dagdroomt niet over het vangen van een frisbee op het strand terwijl hij in werkelijkheid eekhoorns achtervolgt in het bos. Een hond ís. Hij staat in direct contact met de wereld, met huid en haar.

Sommige honden zijn fervente autorijders. Ze vinden het heerlijk om hun kop uit het raampje te steken, de lucht te ruiken en de wind door hun vacht te voelen gaan. Het maakt ze niet uit waar ze naartoe rijden. Ze genieten van de reis. Dat zouden jij en ik ook moeten doen. Natuurlijk, we stellen onszelf grote doelen, maar vergeten daarbij te vaak dat vooral de weg ernaartoe interessant is. Als je je te sterk op het resultaat concentreert en je exact omschreven verwachtingen niet uitkomen, haal je jezelf frustraties of depressiviteit op de hals, of je wordt domweg woedend op jezelf. Dus wanneer je je de volgende keer een doel stelt, blijf dan openstaan voor andere mogelijkheden en geniet van elk moment van passie en creativiteit, van de ervaringen die je opdoet en de leermomenten die deze reis je oplevert. Daar hoef je je hoofd niet voor uit het raam te steken, zolang je maar opmerkt waarheen de wind waait tijdens je avontuurlijke reis die het leven heet.

Veel hondenbezitters hebben me gemaild en beschreven hoe juist het zorgen voor hun oude en zieke hond hen gelukkig maakt; al is het nog zo lastig en vermoeiend. Ze gaan op in het zorgmoment en krijgen er diepe dankbaarheid van hun dieren voor terug. Een voorbeeld is Christine. Haar dwergkeeshond Benny is vijftien jaar geworden en had het in de tweede helft van zijn leven heel moeilijk. Naast een hartafwijking kreeg hij spondylose, gastritis en als uitvloeisel daarvan nog meer klachten. Christines leven draaide volledig om de gezondheid van haar hond. Ze vertelt:

'Als het goed ging met Benny, ging het met mij en mijn gezin ook goed. Hoewel onze kleine man heel veel mankeerde, konden zijn ogen oplichten en levenslust uitstralen als hij zich beter voelde. Daar wilde ik alles voor geven, voor mij betekende dat geluk. Benny zocht lichaamscontact met zijn gezinsleden en iedereen knuffelde hem graag. Benny heeft ons geleerd om niet te streven naar geluk, maar in het heden te genieten van de fijne dingen en de nare dingen te verdragen. Een hond vraagt zo weinig en geeft zoveel. In de periode dat we intensief voor ons oudje zorgden, zijn we sommige tweevoetige vrienden kwijtgeraakt, want we sloegen vaak een uitnodiging af om Benny onnodige inspanning te besparen. Hem uren achtereen alleen laten was voor ons uitgesloten. En nu zijn we blij dat we voor hem hebben gekozen. Hoe vreselijk verdrietig het ook was om in te moeten zien dat het leven van ons manneke geleidelijk ten einde liep, het had ook iets heel waardevols. We hebben elke dag benut alsof het de laatste was. We hebben deze tijd veel bewuster beleefd. Ik wilde er geen seconde van missen, ook de vele zorgelijke dagen en momenten niet.'

Veel mensen die een oude hond hebben, beseffen pas als het levenseinde van hun dier nadert hoe weinig tijd hun nog rest. Plotseling voelen ze een schrijnend verlangen dat hun zegt dat ze iets missen in hun leven. Ze zijn ongelukkig. Ze hebben de verkeerde baan, wonen op de verkeerde plek of zitten vast in de verkeerde relatie. Het kan zin hebben om de oude dag van onze hond te gebruiken om over ons (verbruide?) leven na te denken. Maar laten we vooral niet vergeten onszelf juist nu op het heden te concentreren. Want geluk vind je niet door het heden te vergelijken met de – gefantaseerde – toekomst, of juist met het verleden. De enige manier daartoe is dat je afdaalt in het hart van het heden, een mystieke ervaring die wij mensen soms tijdens een pelgrimstocht of moeilijke meditatieoefeningen kunnen hebben.

En toch, als ik op deze zonnige ochtend over Shira's warme buik aai, resoneert deze hartslag van het heden volop in mijn binnenste.

Honden laten je zien dat het huidige moment het belangrijkste is. Gisteren noch morgen valt te veranderen. Maar je kunt nu, op dit moment, met heel je hart van je familie, je kinderen en je vrienden houden. Kijk maar eens hoe goed het met honden gaat waar het leven van in balans is. Een evenwichtig leven behelst bij een oude hond niet veel: een dagelijks ritme van beweging, goed eten en veel slaap. Helemaal niet zo moeilijk, hè? Dat zouden wij toch ook moeten kunnen.

Altijd als ik kort of lang afwezig geweest ben, onthaalt Shira me alsof ik een heldin ben. Hoewel ze een zere heup heeft, springt ze van de bank om vervolgens half trippelend half glijdend naar me toe te schuifelen met haar staart in de propellerkwispelstand. Ze is het liefst bij mij. Als we in hondenjaren denken, willen we dat elk moment van liefde voelt alsof het eeuwig duurt. Als we alleen nog het heden hebben, laat dat ons dan vervullen met liefde.

Helaas leven onze honden nooit lang genoeg. Ik heb al twee honden overleefd, en menselijkerwijs gesproken zal ik ook Shira overleven. Ik ben bang voor het afscheid en probeer het uit mijn hoofd te zetten. Ik wil me op het laatste deel van ons gezamenlijke leven concentreren en ervan genieten.

De Amerikaanse schrijver en predikant Henry Ward Beecher (1813-1887) heeft ooit gezegd: 'We besteden zoveel tijd aan zaken die dringend zijn, dat er niets overblijft voor zaken die belangrijk zijn.' We zouden ons niet aan 'dringende' maar alleen aan belangrijke aangelegenheden moeten wijden.

Voor honden is elke dag van hun leven belangrijk en spannend. Ze wachten op je thuiskomst, vinden het leuk om bezoek te begroeten, zijn enthousiast als je de hondenlijn pakt, omdat dat een wandeling betekent. We kunnen veel leren door te kijken hoe zij van de normale fijne kanten van het leven genieten.

Voor Shira is elke dag een avontuur dat volop beleefd en onderzocht moet worden. Nu we ouder zijn, lopen we onze vele vertrouwde routes steeds opnieuw. Toch lijkt het haar nooit te gaan vervelen. Ze verheugt zich op de wonderen die haar te wachten staan, zoals de wind die uit een andere richting komt en nieuwe geuren. Het leven biedt haar een scala aan mogelijkheden en ze benut ze allemaal. Het leven wacht erop om door ons te worden ontdekt.

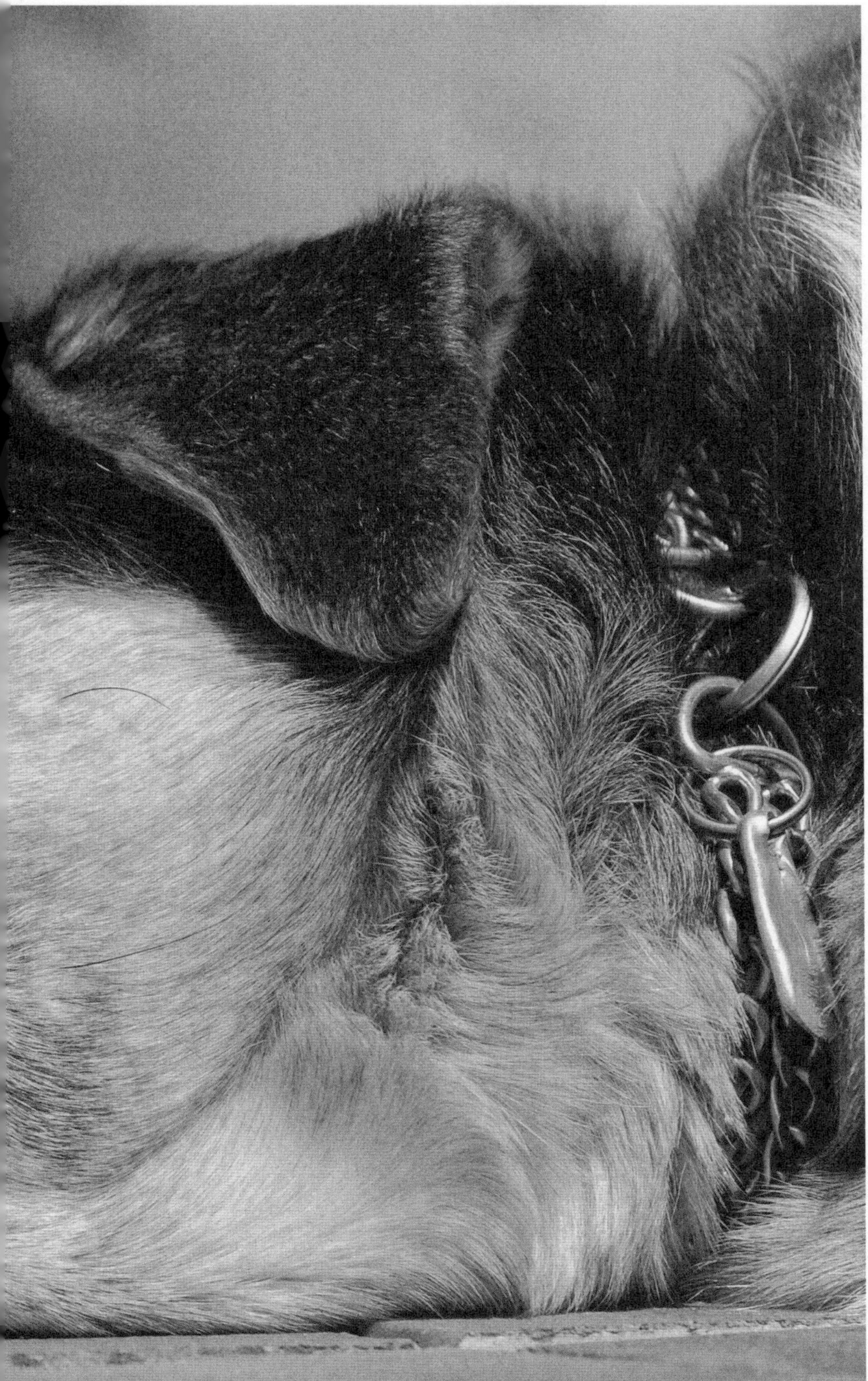

ELKE DAG IS EEN CADEAU

Vakantie! Eindelijk! Na maandenlang werken aan mijn nieuwe boek ben ik daar hard aan toe. Ik heb Shira een vakantie aan zee in Denemarken beloofd. Daar is ze geboren, op het waddeneilandje Mandø. Nu wil ik nog één keer met mijn oude dame terug naar haar geboortestreek. Ja, het is sentimenteel. Haar maakt het waarschijnlijk niet uit waar we zijn, als er maar water is; dat is voor een labrador echt het summum. Maar het belangrijkste is voor haar toch wel dat ze samen is met mij.

Ik heb in Henne Strand een vakantiehuisje gehuurd. Op een afgelegen plek vlak achter de duinen. Je hoort alleen het ruisen van de branding en zo nu en dan de roep van een fazant. 's Morgens loopt een jong damhert met grote, slungelige passen over de heide en de duinkonijntjes huppen langs de raamgevel. Shira slaapt intussen gewoon door.

April is een perfecte vakantiemaand. We zijn vanmorgen al vroeg vertrokken en door de duinen naar het strand gegaan. Door het zand lopen is inspannend voor mijn oude hond. Maar dat vergeet ze onmiddellijk zodra ze de zee ziet. Dan nemen haar labradorgenen het over en sjeest ze zo snel als haar oude poten haar kunnen dragen op het water af. Hup, de golven in!

Ik weet niet of deze vakantie iets met haar doet in de zin van thuiskomen en of ze iets van herkenning voelt. Maar wat onmiskenbaar een heleboel met haar doet, is het water, haar grote passie. Ze spettert en plonst met haar poten langs de kustlijn en springt in de golven. Gelukkig gaat ze niet te ver de zee in, want ik ben bang dat de stroming haar dan mee zal trekken en zij niet meer de kracht heeft om terug te zwemmen.

Aan het einde van ons ochtendrondje lopen we langs de Henne Mølle, een zoetwaterkreekje dat uitmondt in zee. Hier is nauwelijks stroming en Shira vat weer moed en zwemt stroomopwaarts terwijl ze af en toe een grote slok water neemt. Het zwemmen vervangt de fysiotherapie die ze thuis krijgt. Ik kijk glimlachend toe hoe ze onhandig uit het water op de oever klautert met een gelukkige grijns op haar snuit: 'Wow, zó lekker, water!'

We lopen op ons gemak terug naar het huisje en komen zoals elke morgen onze bejaarde vrienden tegen (mensen en honden). Ze zijn hier allemaal met hun oude honden, omdat ze de rust en het brede lege strand waarderen. Ilka uit Noorwegen is er met haar zestien jaar oude bastaardhond, een Deen met een borstelige, vroeger zwarte, maar nu grijze poedel en ik met Shira. Alle honden zijn doof. Wij, hun eigenaars, communiceren met elkaar in een soort drietalig koeterwaals en met handgebaren. Gezamenlijk schuifelen we een eindje over het pad in het tempo van onze senioren, daarna scheiden onze wegen zich weer. Opvallend hoeveel rust, tevredenheid en geluk deze hondenbezitters uitstralen. Ze zijn blij omdat ze op vakantie zijn en dankbaar dat ze zoveel zorg aan hun oude honden kunnen besteden. De baasjes van oude honden hebben iets vriendelijks en een zekere bescheidenheid over zich.

Terug in het huisje zet ik een kop koffie voor mezelf en ga ik met een boek op het terras zitten. Shira ligt op haar deken in de zon. De waterdruppels op haar natte vacht glinsteren als diamanten. Ze ademt rustig en diep.

Plotseling kijken we allebei tegelijk op, onze blik gericht op de golven die al kabbelend een stukje over het strand kruipen. Als op afroep kijken we elkaar in de ogen.

'Weet je het nog?' vraag ik aan Shira.

'Hm.'

Ik wil haar iets belangrijks vragen. Of ze zich haar eerdere vakanties met mij hier herinnert. Of haar peutertijd op dit eiland. En wat het voor haar betekent om hier met mij te zijn. Maar voor het besef van ons gezamenlijke leven hebben we geen grootse meeslepende uitlatingen nodig. De band tussen ons ís.

We ademen allebei op hetzelfde moment diep uit en gaan door met waar we mee bezig waren. Ik lees verder, Shira legt haar kop op haar voorpoten en valt weer in slaap.

Als ik wakker word, staat de zon al laag aan de hemel. De slaap en frisse lucht hebben me goedgedaan en me geholpen de stress van de reis hiernaartoe te vergeten. Ik sta op en rek me uit. Shira gaat rechtop zitten en kijkt me nieuwsgierig aan. De punt van haar staart beweegt heen en weer.

'Nou meisje? Zullen we nog een stukje lopen naar het WATER?'

Haar wachtwoord. Mijn oude hond springt overeind.

'Oké, dan gaan we!' Ik pak de hondenlijn en we lopen tussen de duinen door naar het strand. Daar gebaar ik met mijn arm naar de zee en ze begint te rennen. Voor ze zich in de golven stort, racet ze uit pure levensvreugde nog twee keer in een grote kring door het zand; ze werpt een snelle blik op mij en dan is ze niet meer te houden. Ik trek mijn schoenen uit, rol mijn broekspijpen op en ren achter haar aan het water in.

Nog één keer samen op vakantie, volop genieten van elke minuut. Op een duin zitten, tegen elkaar aan leunen en de oceaanlucht opsnuiven. Mijn leven staat nu in het teken van 'nog één keer', bij alles wat ik doe. Ik denk het met weemoed, soms ook met een licht, op de zaken vooruitlopend verdriet, maar vooral met een intens geluksgevoel. Deze gezamenlijke vakantie is een cadeau voor ons allebei. Al die mooie ervaringen, die je niet kunt vasthouden. Ze worden maar al te snel vluchtige herinneringen. Toch zullen we zelfs als de dagelijkse sleur weer beslag op ons legt, nog lang op deze periode teren. En het belangrijkste is dat we in deze vakantie nog meer met elkaar vergroeien, dat onze band nog hechter en de tijd nog kostbaarder wordt. Nog een reden om dankbaar te zijn.

Soms kan ik niet slapen, omdat er zoveel gedachten door mijn hoofd flitsen. Ik lig te woelen in bed en probeer mijn hoofd leeg te maken. Helpt niet. Dan lig ik heel stil en luister ik naar Shira's sonore gesnurk. Ik ben bang voor de tijd dat er alleen nog maar stilte zal zijn. Maar nu kan ik me nog laten wiegen door dat geluid, ik volg het ritme en glijd op de klank van haar ademhaling weg in dromenland. Mijn laatste gedachte is nog: dank je wel voor deze hond.

Ik ben altijd heel vroeg op en Shira heeft zich aan me aangepast. Klokslag vijf uur 's ochtends komt ze uit haar knusse hondenbed en schudt ze zich uit. Voor mij het teken om haar door de terrasdeur in de achtertuin te laten. Vermoeid sjokt mijn oude hond naar buiten; onderweg naar het achterste deel van de tuin blijft ze even staan en kijkt ze achterom naar de keuken, waar ik bezig ben met het koffiezetapparaat. Zodra ze haar ochtendplas heeft gedaan, wordt ze actiever. In een vlot tempo draaft ze het huis in. Tijd voor ontbijt.

Ontbijt is voor Shira een opwindend gebeuren; elke dag opnieuw. Haar ogen stralen van verwachting. Ze houdt al mijn bewegingen in het oog en schuifelt heen en weer over de vloer zodra ik afgeleid raak. Naar haar mening is dit mijn belangrijkste bezigheid van de dag, althans tot lunchtijd. Als ik de kom met haar maaltijdkoek op de vaste plek voor haar neerzet, kijkt ze me vol spanning aan, wachtend op mijn toestemming. Daarna aarzelt ze geen moment meer en steekt ze haar snuit diep in de kom.

Hoewel Shira elke dag hetzelfde eet, is ze er nog steeds dolenthousiast over. Alsof ik minstens een viersterrenmenu serveer. Ze is blij en voldaan dat haar kom elke keer weer gevuld is met hetzelfde saaie voer.

Ikzelf vind het geen punt om restjes te eten, maar waarschijnlijk zou ik wel protesteren als iemand me voor de vijftigste of honderdste keer lasagne voor zou zetten. Maar Shira werkt dag in dag uit zielstevreden hetzelfde voer naar binnen en demonstreert daarmee een wijze levensles: het belang van dagelijkse dankbaarheid.

Om dankbaar te zijn hoef je niet veel te hebben. Dat zie je vooral aan oude honden, die genieten van knuffelen met het baasje, het dagelijkse voederritueel en spelen in de tuin. Ze waarderen wat het ook is wat ze hebben en laten dat openlijk zien.

Mijn Shira is net als ik een optimist. Zijn alle honden eigenlijk zo, of zitten er ook pessimisten tussen? Volgens gedragswetenschapper Melissa Starling van de universiteit van Sidney en haar collega's valt door een eenvoudige test te bepalen of een hond een optimist dan wel een pessimist is.[39] Om te beginnen leerden de onderzoekers hun proefdieren een hoge en een lage toon te associëren met een gebeurtenis. Na de hoge toon kregen de honden melk, wat ze heerlijk vonden. Na een lage toon echter kregen ze alleen water, oersaai. De training leidde er algauw toe dat de honden zodra ze een hoge toon hoorden door hun gedrag lieten zien dat ze zich verheugden op de lekkere melk. Maar bij het horen van de lage toon gedroegen ze zich ongeïnteresseerd.

Vervolgens lieten de onderzoekers de honden een geluid horen dat qua toonhoogte precies tussen de twee klanken voor respectievelijk melk en water in zat en observeerden ze de reactie van de dieren. Wat bleek? Een aantal honden interpreteerden de ondefinieerbare klank duidelijk als een goed teken; te oordelen naar hun gedrag verwachtten ze melk. Andere honden brachten het tussenin-geluid in verband met het oninteressante water. Zij zagen de toekomst dus eerder pessimistisch in. Uit de onderzoeksresultaten bleek dat honden hetzij pessimisten hetzij optimisten zijn. De laatste groep is iets groter, aldus de onderzoekers.

Verdere observaties van Starling en haar collega's wezen bovendien uit dat het gedrag van zowel optimistische als pessimistische honden vergelijkbaar was met dat van hun mens. Pessimistische dieren verwachten eerder iets negatiefs en nemen daarom liever geen risico's. Niet dat ze depressief zijn, maar ze raken na teleurstellingen heel snel ontmoedigd, zeggen de onderzoekers. De optimisten-honden daarentegen, geven het niet zo snel op als iets mislukt en zijn minder risicomijdend.

Een andere bevinding uit dit onderzoek: pessimistische honden zijn vanwege hun voorzichtigheid heel geschikt als blindengeleidehonden. De optimisten zijn dan weer goede speurhonden, omdat ze eerder bereid zijn risico's te nemen en niet zo makkelijk gedemotiveerd raken door mislukkingen.

Voor optimisten zoals Shira is het glas nooit halfleeg, maar altijd tot de rand toe vol. Ze gaat niet mopperend door het leven. Terwijl mensen zelden spontaan gelukkig zijn, viert Shira continu het leven. Haar vreugde over een boswandeling is groter dan die van sommige mensen over de geboorte van hun kind.

Dankbaarheid is een keuze. Ongeacht je levensomstandigheden op een bepaald ogenblik, kun je elke dag opnieuw besluiten dankbaar te zijn voor alle goede dingen die je ondanks nare aangrijpende ervaringen gegeven zijn. Natuurlijk is dankbaarheid makkelijker als alles voor de wind gaat. Maar juist in zware tijden hebben we dit gevoel het hardste nodig, omdat het ons energie, optimisme en hoop geeft.

Dankbaarheid is een basishouding in het leven. Daarom probeer ik er een bewuste gewoonte van te maken. Ik zoek naar eenvoudige, fijne dingen waarvoor ik dankbaar kan zijn. Als het even kan, leg ik dagelijks kleine geluksmomenten vast in mijn dagboek. Plus dat ik probeer alles van de positieve kant te zien.

Bladzijde uit mijn dagboek
Sneeuw. Het is koud. -15°C. Als ik in Montana ben voor wolvenonderzoek is het veel kouder (-30°C). Een reden om dankbaar te zijn voor de 'hoge' temperatuur.
Mijn trein naar de plaats waar ik een lezing moet houden had veertig minuten vertraging. Typisch weer de spoorwegen. Bij kou (of warmte) hebben veel hogesnelheidstreinen problemen of rijden helemaal niet. Maar deze trein komt in elk geval wel én ik heb tijd voor een cappuccino. Heerlijk.
De lezing in Neurenberg ging op rolletjes. Heel veel prettig publiek. Ik ben helemaal opgepept en zit vol energie. Kan niet slapen. Morgenochtend zal ik geradbraakt zijn. Maar wat zou het, ik ben blij vanwege de superleuke lezing. Dank je wel!

Een vriendin van me heeft ergens een goedhumeuragenda opgeduikeld. Daar schrijft ze 's avonds in op waar ze de afgelopen dag blij om is geweest. Haar steekwoorden zijn bijvoorbeeld avondrood, kraanvogels in het weiland of een mees in de boom; als er anders niets was.

Ik heb veel om dankbaar voor te zijn, te beginnen met het feit dat ik leef. En dat ik een dak boven mijn hoofd en genoeg te eten heb. Ik hou van wat ik doe en van mijn lieve schat van een hond. Van haar leer ik mezelf elke dag te concentreren op het goede in plaats van op het negatieve. Misschien is mijn optimisme naïef, maar het doet me goed.

Dankbaarheid is geen eenrichtingsverkeer, ze werkt ook omgekeerd. Ook al heb je zelf nog zoveel te geven, het voelt goed om datgene aan te nemen wat iemand jou geeft. Ook dat leer ik van Shira. Nu ze oud is, heeft ze meer hulp van me nodig. Ik moet haar vasthouden als ze over het hellinkje in de achterbak van mijn auto klautert of haar helpen thuis op de bank te springen. Dat accepteert ze dankbaar. Geen knorrig 'Laat me los, ik kan het wel alleen', nee, alleen simpelweg 'Hèhè, het is gelukt. Bedankt voor je hulp.'

Bij mij ligt dat anders. Ik vind het moeilijk om hulp aan te nemen. Ik ben extreem onafhankelijk en zelfstandig. Mezelf laten helpen, of erger nog, om hulp vragen, voelt voor mij als een teken van zwakte. Maar wie hulp kan accepteren, leidt een tevredener bestaan. Dat bleek uit een enquête van de Europese Federatie van Farmaceutische bedrijven en Verenigingen voor een recente gezondheidsindex.[40] Mensen die makkelijk hulp accepteren, bijvoorbeeld van buren, beschouwen zichzelf als gelukkiger en tevredener dan degenen die daar moeite mee hebben.

Shira heeft me laten zien dat het geen schande is om hulp te vragen. Als ik haar op de bank moet helpen, laat ze me dat heel subtiel weten door zich voor de bank te posteren, haar kop op de zitting te leggen en haar ogen te laten spreken. 'Vraagje. Wil jij me even een kontje geven?' En ik ben blij en dankbaar dat iemand me nodig heeft.

WAAR JE THUISHOORT

Waar hoor jij thuis? Steeds minder mensen kunnen deze vraag beantwoorden. In een wereld zonder grenzen waarin iedereen overal bereikbaar is, lijkt soms geen plaats meer te zijn voor een echt thuisgevoel.

Oude honden geven ons een thuis, een plek waar rust, stabiliteit en geborgenheid is. Zij weten wel waar ze thuishoren. Hun mand, het krat met speelgoed en de doos hondensnacks in de keuken; alles heeft een vaste plaats. Ze kunnen die dingen feilloos vinden, zelfs als ze blind zijn.

Onze vakantie in Denemarken was heerlijk, maar ook vermoeiend. Een lange autorit inclusief overnachtingen, een andere daginvulling. Toen we terug waren, voelde ik eerst zelf de terugslag van de inspanningen en vervolgens merkte ik het ook aan Shira. Terwijl ik mijn best deed om de post en e-mails weg te werken die tijdens de vakantie waren blijven liggen, sliep Shira nog meer dan anders. Het had er alle schijn van dat ze aan vakantie toe was vanwege de recente vakantie. Hoewel ik als we op reis zijn haar vertrouwde spulletjes en voer meeneem, wijken de tijdstippen waarop ze onderweg eten krijgt onvermijdelijk af van wat ze gewend is. Oude honden zijn slechter opgewassen tegen een verandering in hun vaste routine. En naarmate ik ouder word, geldt dat ook steeds meer voor mij. Vroeger was ik continu op reis, waarvan meerdere keren per jaar naar de VS voor mijn wolvenonderzoek. Tijdsverschil en verandering van locatie deden me weinig. Maar met elke volgende trans-Atlantische vliegreis had ik langer nodig om te herstellen van de jetlag. Tegenwoordig zou ik het liefst helemaal niet meer weggaan van huis.

Ik geloof dat het voor Shira nog belangrijker is dan voor mij om haar mensen om zich heen te hebben. Waar ik ben, voelt ze zich goed. Vindt ze het cool als we op reis gaan naar andere plaatsen? Ik weet het niet. Het ruikt anders en er zijn veel nieuwe indrukken. Dat kan spannend en verfrissend zijn. Maar misschien geeft ze toch de voorkeur aan dagtochtjes en haar eigen vertrouwde mand. We weten het allemaal: je slaapt het beste in je eigen bed. Als ik op pad moet om een lezing te houden, geniet Shira van de tijd bij mijn ouders, ook al mist ze mij; en ik haar. Zodra ik dan terugkom, wijkt ze niet meer van mijn zijde en volgt ze me overal naartoe. Pas dan is haar wereld weer zoals die hoort te zijn. Ik ben haar thuis en haar veilige haven.

En ik voel sinds kort als ik op reis ben iets wat ik sinds mijn kindertijd niet meer gehad heb: heimwee. Wanneer ik zonder Shira onderweg ben en uit het raam van de trein iemand zie die met zijn hond door de weilanden loopt, voel ik iets trekken vanbinnen, een soort verlangen. Ik heb geen heimwee naar een plaats, maar naar een levend wezen. Mijn hond wacht op me en ik wil graag zo snel mogelijk terug naar haar. En wanneer mijn vliegtuig boven het Hessische bergland de aanvliegroute naar Frankfurt Airport neemt, of als de trein de grens tussen Nedersaksen en Hessen passeert, dan voel ik die weldadige warmte van aangekomen zijn en slaak ik een zucht van verlichting. Ik ben thuis en wil helemaal nergens anders meer naartoe. Door Shira heb ik mijn wortels gevonden. Mijn hond aardt me.

Over katten wordt gezegd dat ze vergeleken met honden veel meer verknocht zijn aan hun huis en omgeving. Je kunt een kat (beter) niet meenemen op vakantie, een hond daarentegen wel. Shira houdt ervan om samen met mij op stap te gaan, maar ze vindt het nog fijner om thuis te komen.

'Thuis' heeft niets te maken met een plek op de wereld. Het betekent ergens aankomen. Waar dan ook. Bij mensen, dieren, of in de natuur. Een gevoel van diepe tevredenheid. Geluk. Ik voel me op mijn gemak en hoef niet te doen alsof. *Home is where the heart is*; thuis is waar je hart is. Of voor mij nog toepasselijker: thuis is waar je hond is.

En Shira? Verg ik te veel van haar? De reis van Hessen naar Denemarken was inspannend, zowel voor mij en mijn oude hond als voor mijn kleine, tien jaar oude Hyundai. Mijn vrienden steken goeiig de draak met me, omdat ik bij alle autoritten van meer dan vijfhonderd kilometer een overnachting inlas. En dan pas ik me aan Shira aan. Niet meer dan een paar uur in de auto, een mooi hotel langs onze route, uitslapen, goed eten, rondje lopen. We reizen in Shira-tempo. Want je weet het: de weg is het doel.

Of zo'n tussenstop nou echt een goed idee is en of een oude hond niet liever zes tot acht uur slapend in haar comfortabele reisbench in de rijdende auto zou doorbrengen, kan ik niet beoordelen. In elk geval heb ík de onderbreking nodig, temeer omdat ik niet graag autorijd. En een uitgerust en evenwichtig vrouwtje doet een oude hond ook goed.

Toch zal ik de komende jaren waarschijnlijk geen al te lange reizen meer ondernemen met mijn oude hond. Dan kunnen we beter een korte afstand rijden of gewoon de trein nemen. Ik heb een paar favoriete vakantiebestemmingen die min of meer in de buurt zijn. Anderhalf uur rijden en ik ben al in mijn sterrenhotelletje in het Sauerland. Een klein sfeervol vrijstaand gebouw op een afgelegen plek midden tussen de weilanden, met uitzicht op het Rothaargebergte, een uitstekende keuken en heerlijk hondvriendelijke bediening. En binnen tweeënhalf uur ben ik in de Eifel, waar mijn vriendin een vakantiehuisje heeft. Dat noem ik nou plezierreisjes voor senioren.

Deze zomer probeer ik een alternatief uit, al is ook dat een ietwat onzeker avontuur. Ik wil weten of ik de dagelijkse sleur kan doorbreken zonder echt weg te gaan.

Het is vakantietijd, dus heerlijk rustig in de stad waar ik woon. Ik heb zojuist het manuscript van mijn nieuwe boek naar de uitgever gestuurd en wil mezelf belonen met een week vakantie. Ik gebruik de dreigende klimaatramp als alibi om te kiezen voor een ecologisch verantwoorde vakantiebestemming: ik blijf een week thuis en ga hier met Shira de toerist uithangen. Voor mij wordt het zoals gezegd een gewaagd experiment, want ik weet niet of ik het me echt lukt om niet toch stiekem naar mijn computer in de werkkamer te sluipen. Daarom trek ik voor de zekerheid de stekker van mijn internetverbinding eruit, zodat ik niet in de verleiding kom om even vlug mijn mailtjes te lezen. Ook de telefoon gaat uit. Ik ben niet bereikbaar. En nee, ik heb geen smartphone; dat is dus één verleiding minder. Per slot van rekening moet ik het ware vakantiegevoel krijgen.

Op mijn eerste vakantiedag slaap ik uit, hoewel uitslapen bij mij op z'n laatst halfzeven 's ochtends betekent. Als overtuigd vroege vogel ben ik doorgaans om vijf uur 's ochtends al wakker, fris en uitgerust. Terwijl mijn koffiezetapparaat pruttelt, maak ik een wandelingetje met Shira. Weer thuisgekomen drink ik de eerste kop koffie van de dag. Ontbijten stel ik even uit, want dat doe ik straks in de stad. Als we na veertig minuten lopen op het terras van de lunchroom arriveren, is Shira moe en valt onder het tafeltje op haar deken in slaap terwijl ik geniet van koffie met broodjes. Op de terugweg neem ik het pad langs de rivier de Lahn en waterrat Shira neemt een frisse duik en zwemt een rondje.

Het was zo'n veelbewogen ochtend dat we nu allebei eerst maar eens moeten uitrusten. In de middag nodigen de buren me uit voor koffie met taart. Shira is nog steeds uitgeteld en heeft Jargo, de negenjarige setter van de buren, aangestoken met haar vermoeidheid. Ze liggen rug aan rug op het grasveldje te dommelen in de zon.

Later die middag werp ik een kritische blik op de stapel boeken die ik zou moeten lezen en recenseren. Kun je dat nog vakantie noemen of is het toch weer werk? Daarnaast ligt een partij boeken die ik gewoon graag wil lezen. Ik kies het veelbelovendste leesvoer uit en begin te lezen. Het is een onbeschrijfelijk gevoel om thuis te zijn en niets te hoeven doen; een beetje alsof je spijbelt van school.

Bij de diep oranjekleurige zonsondergang loop ik nog een laatste blokje om met Shira voor we behaaglijk neerstrijken op de bank om de avond te beëindigen.

De dagen daarop ben ik heerlijk lui. In het begin vind ik het nog moeilijk om niet aan de e-mails te denken die zich deze week waarschijnlijk zullen opstapelen, maar daarna wordt het steeds makkelijker.

Op een ochtend zet ik Shira in de auto en rijd ik met haar naar de nabijgelegen Aartalsee, een stuwmeertje vlak bij een hotel waar ik af en toe workshops organiseer. Het meer is een eldorado voor zeilers en natuurliefhebbers. Het weggetje dat eromheen leidt, is een populaire recreatieroute voor wandelaars, nordic walkers, skaters en fietsers. Toch zijn er nog niet veel mensen te bekennen. Op een vrij toegankelijk strandje gooi ik een dummy in het water en laat ik Shira apporteren. Als honden konden juichen van vreugde, dan zou er nu een luid joehoeoeoeoe over het meer schallen terwijl Shira het water in loopt om haar prooipop terug te halen.

Na een paar rondjes zwemmen droog ik haar af en gaan we de stuwdam over naar het naburige meer. Hier moeten honden aan de lijn om de vogels niet te storen. Zoals de paapjes die hier voorkomen en die hun hun nestjes op de grond bouwen; een nieuwsgierige hondenneus kan wel degelijk een kleine catastrofe veroorzaken. Door de aanleg van eenentwintig eilandjes met onderling verschillende structuren en oppervlaktevorming is hier een uniek natuurreservaat gecreëerd dat wordt bevolkt door een heleboel zeldzame vogelsoorten. Ik ben blij dat ik mijn telescoop heb meegenomen, die in Yellowstone al zo goed dienst heeft gedaan. Er hangt een nevel boven het water.

Op een bankje aan het meer haal ik ons ontbijt uit mijn rugzak. Shira krijgt haar hondenkoek en ik observeer onder het genot van een beker koffie de vele vogels. Met behulp van de Kosmos-natuurgids *Welke vogel is dat?* kan ik ze goed herkennen. Ik ontdek nijlganzen, buizerds, futen, meerkoeten, grote zaagbekken, knobbelzwanen, zilverreigers en een rode wouw. Een blauwe kiekendief jaagt op muizen en op een van de eilanden laten aalscholvers hun verenkleed drogen. Ik zoek naar dodaarsjes, die hier ook zouden moeten zijn. Het zijn de allerkleinste vogeltjes onder de duikers en worden vaak aangezien voor eendenkuikens. Maar ze zijn heel moeilijk te observeren en verstoppen zich graag in de oevervegetatie. Ik heb geen geluk en word moe van het vele kijken en zoeken. Shira slaapt alweer. Ze ligt naast me in het gras en zelf strek ik me languit op de houten bank uit om ook nog een tijdje te luieren.

Als we vertrekken, staat de zon hoog aan de hemel. In het hotel bij het stuwmeer trakteer ik mezelf op een salade en daarna een cappuccino. Ik schrijf in mijn dagboek terwijl Shira aan mijn voeten ligt te slapen. Ik voel me innig tevreden.

De twee laatste dagen van onze vrije week laten de vakantie langzaam uitklinken. We maken veel kleine wandelingetjes door bos en veld, we gaan op bezoek bij vrienden die ook oude honden hebben, zodat de senioren samen van stressvrije speeltijd kunnen genieten en we brengen veel tijd door met lanterfanten en knuffelen. Vaak lig ik met een boek op Shira's warme deken in het gras terwijl zij dicht tegen me aan gedrukt ligt te slapen.

Nu ik nadenk over ons vrije weekje thuis concludeer ik dat je met een oude hond heel goed kunt ontspannen en goedkoop vakantie kunt vieren zonder daar echt voor op reis te hoeven gaan. En mij is deze time-out ook geweldig goed bevallen. Geen lange autoritten en ik kan vol trots zeggen dat ik de computer niet één keer heb aangezet. Dat was voor mij de grootste verademing. Ik heb veel boeken gelezen, ik heb tijdens onze uitjes nieuwe wandelroutes en koffietentjes ontdekt en de bezienswaardigheden van mijn eigen stad eer aangedaan. Shira lijkt het heerlijk te hebben gevonden om mij in haar vertrouwde omgeving helemaal voor zichzelf alleen te hebben, en dat zonder enige tijdsdruk. Juist met een oude hond is het een goed idee om de vakantie een keer op je eigen stek door te brengen en te ontdekken waar je thuishoort.

'Nou, kleine muis, hoe vond je het?' vraag ik aan Shira. Haar vacht is goudkleurig in het licht van de ondergaande zon. Het is de avond van de laatste vrije dag, ze ligt op haar zij in het gras en straalt diepe tevredenheid uit.

'Voor mijn part mag het altijd vakantie zijn!'

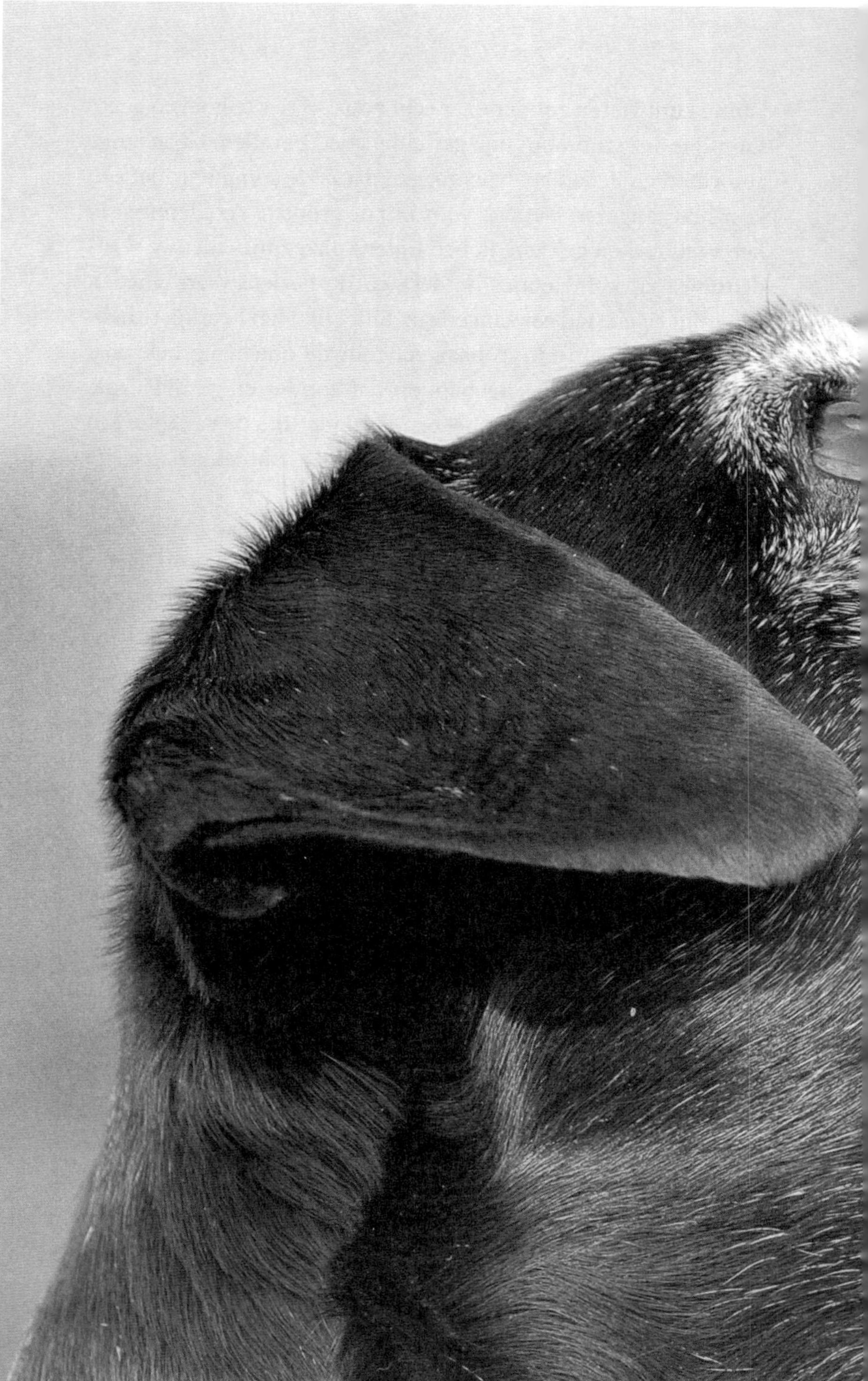

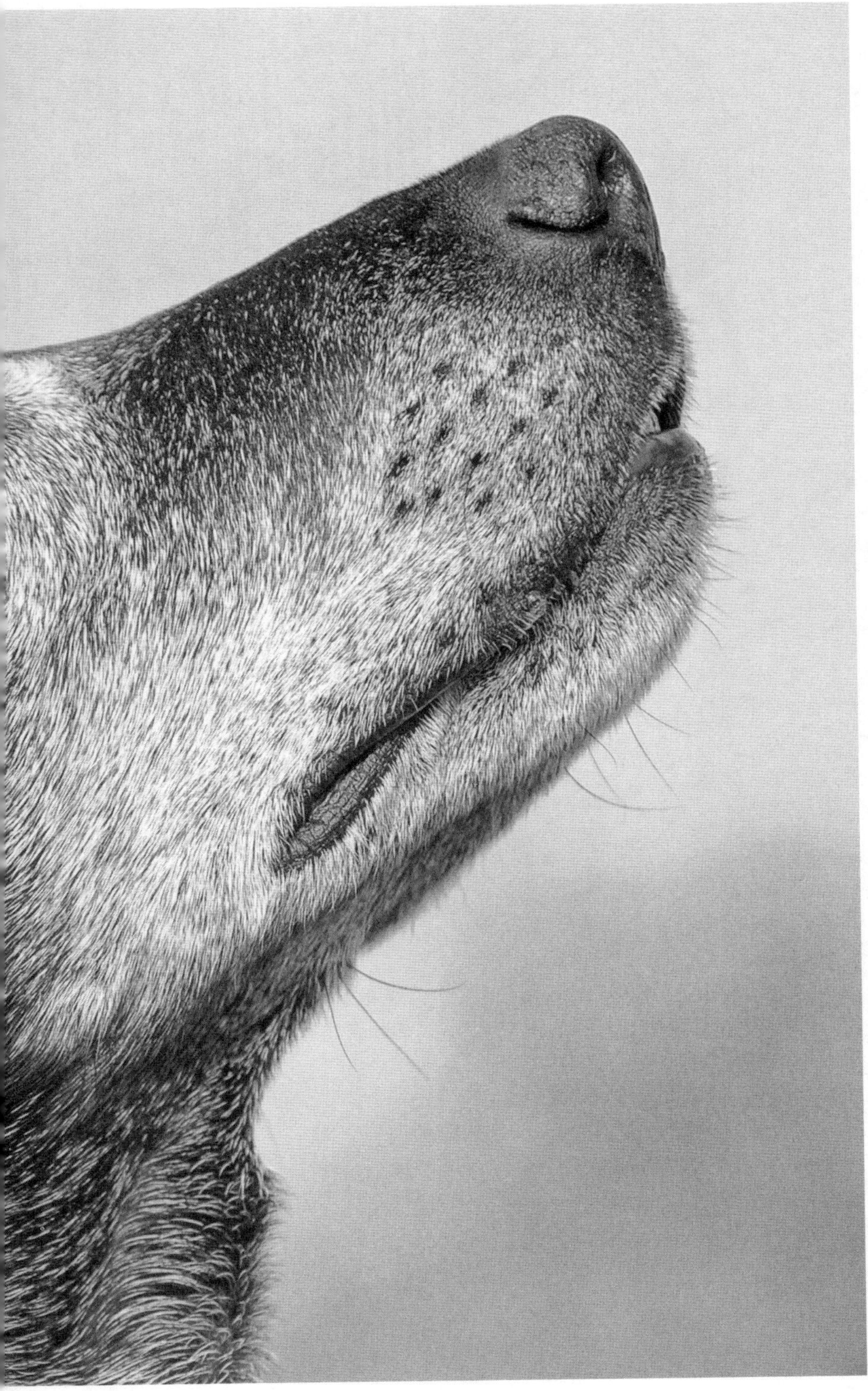

LAAT MERKEN DAT JE MEELEEFT

Sabine had juist via de telefoon te horen gekregen dat haar broer was overleden toen haar golden retriever Oskar vrolijk uit de tuin het huis in kwam lopen. Plotseling stond hij stil, keek aandachtig naar haar en dribbelde naar haar toe.

'Hij legde zijn kop op mijn schoot en keek me aan. Toen ging hij weg en kwam hij vervolgens terug met zijn favoriete speelgoedknuffeldier, dat hij in mijn schoot liet vallen. Hij likte zacht over mijn hand. Ik wist dat hij probeerde me te troosten,' vertelt Sabine en ze slikt. 'Ik geloof dat hij mijn verdriet voelde en dat hij hoopte dat zijn speeltje waar hij altijd blij van wordt, mij ook zou helpen.'

Hoe weet een hond wat wij voelen? Kan hij zelf medelijden voelen? Het vermogen om emoties van anderen te interpreteren wordt gezien als de belangrijkste factor om meelevend te kunnen reageren. We hebben met onze oude hond een lang gezamenlijk leven achter de rug. Geen wonder dat hij aanvoelt wat er in ons omgaat.

Als ik een slechte dag heb, kan niets me meer opvrolijken dan het zien van Shira die me tegemoetkomt wanneer ik mijn huis binnenstap. Voor haar is de wereld in orde zodra ik er ben en ze bij me kan zijn. Empathie betekent inlevingsvermogen. We gingen er lang van uit dat de mens het enige wezen is dat inlevingsvermogen heeft. We verwierpen het idee dat dieren in staat zouden zijn tot empathie. De gedachte was dat het gedrag van dieren louter op eten, zich voortplanten en overleven gebaseerd was. Inmiddels is het ook wetenschappelijk aanvaard dat wij mensen dit vermeende unique sellingpoint met enkele diersoorten delen. Een hond neemt zijn baasje van onder tot boven op en kijkt daarbij recht in zijn hart. Die onderzoekende blik is helemaal echt; geen fantasie of wishful thinking. En wij weten: mijn hond voelt met me mee.

Empathie is complex. De oorsprong ervan ligt in een ver verleden. Honden hebben gedurende duizenden jaren instinctief geleerd om het mensen naar de zin te maken, wat impliceert dat ze het gedrag van hun eigenaar spiegelen. Als de mens blij is, is de hond blij; en stiekem hoopt het dier op een beloning. Als de mens slechtgehumeurd is, klemt zijn viervoetige vriend de staart tussen de poten om zichzelf door gespeeld berouw een straf te besparen (waarvan hij de reden meestal niet begrijpt). Als de mens huilt, likt zijn beste vriend zijn hand; en wil geaaid worden.

Deborah Custance en Jennifer Mayer van het psychologisch instituut van de Goldsmiths University of London wilden bij honden schijnbaar mededogen van echte empathie onderscheiden. Ze ontwikkelden daar een psychologische test voor[41] en leerden de deelnemende hondenbezitters om te beginnen een geluid te maken dat eerder dierlijk dan menselijk klonk en dat ergens tussen gegrom, gejank en gekerm in zat. Zo verzekerden ze zich ervan dat de honden die getest werden niet uit nieuwsgierigheid op huilende personen zouden reageren, maar – als ze dat konden – daadwerkelijk medeleven zouden tonen. In de testsituaties plaatsten de onderzoekers de honden ofwel voor hun baasje ofwel voor een onbekend persoon, die de tranen over hun wangen lieten stromen of het grom-jank-kermgeluid uitbrachten. Alle honden reageerden met zorgzaam medeleven op de tranen terwijl ze het grom-jank-kermgeluid slechts voor kennisgeving aannamen of het negeerden. De tranen hadden duidelijk een grote emotionele betekenis voor de honden. Bovendien reageerden ze trouw en onmiddellijk op de huilende personen, of het nu om hun eigenaars ging of om vreemden, al bekommerden ze zich nog intensiever om hun eigen baasje of vrouwtje dan om de onbekende huilers. Dat laatste betekent een extra aanwijzing voor echte empathie.

We kennen allemaal díé blik waardoor we smelten. Volgens een onderzoek dat wetenschappers van de Azabu-universiteit in Japan gepresenteerd hebben, zijn hier evolutionaire motieven in het spel.[42] Zowel bij de hond als bij de mens komt door deze 'smeltende' blik het hormoon oxytocine vrij, dat ook een belangrijke rol speelt in interpersoonlijke relaties, bijvoorbeeld als er oogcontact is tussen ouders en hun kinderen. Dus hoe langer ik Shira in de ogen kijk, hoe gelukkiger ik word. Welke hondenbezitter zou daaraan kunnen twijfelen?

Interessant, maar ook triest is dat wij mensen eerder meeleven met honden dan met veel van onze medemensen. Dat was de conclusie uit een onderzoek rondom het thema empathie.[43] De onderzoekers testten de reacties van proefpersonen op een gefingeerde misdaad. Het meeste medeleven ging uit naar de slachtoffergroepen peuters en puppy's. Daarna naar de volwassen hond en pas in de laatste plaats naar de volwassen mens. De reden hiervoor is simpel: we hebben instinctief meer medelijden met de zwakkeren, de weerlozen en de onschuldigen. Een hond wordt als kwetsbaar gezien, bijna net zo kwetsbaar als een peuter en een puppy. Maar volwassen mensen beschouwen we als sterk genoeg om zichzelf te kunnen verdedigen.

Ervaren onze honden ook empathie jegens andere dieren?

Gedragswetenschapper Marc Bekoff vertelde ooit over zijn hond Jethro, die hij uit een asiel had gehaald.[44]

'Ik wist dat hij een heel bijzondere hond was. Hij jaagde nooit op konijnen, herten, wangzakeekhoorntjes of gewone eekhoorns, die regelmatig bij hem in de buurt kwamen. In plaats daarvan zocht hij toenadering tot de dieren, alsof het zijn vriendjes waren.

Op een dag kwam Jethro naar me toe. Hij keek me in de ogen, boerde krachtig en liet een klein, pluizig, met speeksel overdekt balletje uit zijn bek vallen. Ik vroeg me af wat hij in 's hemelsnaam had meegebracht en kwam erachter dat het een heel jong haasje was.

Jethro keek me aan met een uitdrukking in zijn ogen alsof hij wilde zeggen: Doe dan toch iets, man! Ik pakte het haasje op, legde het in een doosje, gaf het water en selderij en was ervan overtuigd dat het de nacht niet zou overleven.

Maar dat had ik mis. Jethro bleef bij het babyhaasje en weigerde mee te gaan wandelen of te eten tot ik hem meetrok, zodat hij in elk geval een plas kon doen. Het haasje leefde weer helemaal op en toen ik het ten slotte vrijliet, heeft Jethro er daarna nog maandenlang naar gezocht.'

We willen niet dat onze hartendieven iets overkomt. Hoe ouder ze worden hoe meer we ze tegen de harde wereld in bescherming willen nemen. Dat geldt ook voor ongevoelige opmerkingen over onze hond. Niet-hondenbezitters zijn zich er misschien niet van bewust hoe tactloos hun uitspraken soms zijn. Maar ze kwetsen ons.

Mijn vriendin Laura heeft een Duitse herder van twaalf, waar je aan af kunt zien dat hij oud is. Hij is grijs, niet meer zo slank en loopt erg mank. Maar hij is vol liefde en levenslust.

Wie zou zo bot en wreed zijn om tegen een mens te zeggen: 'Is dat je moeder? Wow, die ziet er niet uit, zeg! Ze kan haast niet meer lopen! Die gaat vast binnenkort het hoekje om.' Toch moeten mensen met oude honden vaak dit soort domme kletspraat van wildvreemden aanhoren. Mij werd ooit tijdens een wandeling met Shira naar haar leeftijd gevraagd. Toen ik antwoord gaf, kreeg ik als commentaar: 'Hebt u al overwogen om haar te laten inslapen? Die hond heeft haar beste tijd wel gehad, toch?'

Ik had graag gereageerd met: 'Nou, u loopt zelf ook zo traag als een slak. Hoe lang hebt u nog te leven, denkt u?' Ik heb mijn mond gehouden omdat ik nu eenmaal een welopgevoed mens ben en anderen niet voor het hoofd wil stoten.

Kennelijk denken sommige mensen dat ze over de hond van een vreemde alles kunnen zeggen wat ze willen. Als je een oude hond hebt, ben je in gedachten elke dag bezig met de mogelijkheid dat hij doodgaat. Maar dat ik daar zelf over nadenk is één ding, dat een vreemde me dit op lompe wijze inpepert, is iets heel anders.

De laatste jaren en maanden die we met onze viervoetige oudjes delen, horen tot de bitterzoetste tijden in ons leven als hondenliefhebbers. Vanaf het moment dat we ons dier in huis halen, weten we dat het op een dag ons hart zal breken. Hoe ouder onze beste vrienden worden, hoe dierbaarder ze ons zijn. En als ze echt op hun aller-, allerliefst zijn en we gewoon niet nóg meer van ze kunnen houden, dan gaan ze dood.

Dus heb ik een verzoek: als je iemand tegenkomt die geduldig op zijn traag voortsukkelende grijsaard van een hond wacht, hou je dan begripvol in. Geef het bejaarde dier een complimentje, vraag of je hem mag aaien (je kunt niet elke oude hond zomaar aanraken) en toon hoe dan ook je sympathie, die hij alleen al heeft verdiend doordat hij ouder en wijzer is dan jij. Niet meer, maar ook niet minder dan dat.

ACCEPTEER WAT JE NIET KUNT VERANDEREN

Toen ik vanmorgen tijdens het ontbijt mijn krant las, verging me de eetlust. Trumpisme, extreemrechtse politiek, racistische haatzaaiers en andere menselijke rottigheid. Boos gooide ik de krant op tafel. 'In wat voor wereld leven we eigenlijk?' riep ik naar Shira, die op haar deken geduldig op haar hondenkoek lag te wachten terwijl ik zat te briesen als een oude stoomtrein.

Op dat moment verlangde ik echt vurig naar mijn blokhut in de wildernis. Daar moest ik het zonder elektriciteit en dus zonder internet en televisie doen. De draagbare batterijradio had alleen regionale zenders te bieden die plaatselijke roddels, het weerbericht en countrymuziek ten gehore brachten; geen wereldschokkend nieuws. De rust was goddelijk. Ik ben zelden zo ontspannen geweest. Stel dat er plotseling een oorlog zou zijn uitgebroken, dan had ik daar niets van geweten. O, was ik maar weer terug in die vredige wereld vol stilte en rust.

In plaats daarvan zat ik in Duitsland, midden in een goed elektronisch en digitaal netwerksysteem en met meer nieuws dan me lief was. Zoveel zelfs dat ik er maagpijn, een hoge bloeddruk en slapeloze nachten van kreeg. De opwinding deed me geen goed, temeer omdat de wereld geen cent beter werd van mijn verontwaardiging. Bovendien kostte mijn agitatie me een hoop energie, die ik juist nu meer dan ooit nodig had. Ik was namelijk toch al gestrest; ik zat met een workshopvoorbereiding in mijn maag.

Ik keek naar Shira, die als een sfinx op de deken lag met haar kop op haar pluchen beer. Ze keek terug met een wereld van wijsheid in haar blik. Wat benijdde ik haar! Elke haar van haar vacht straalde kalmte uit.

'Hoe doe je dat toch?' vroeg ik haar.

Ze keek beduusd naar me op met een duidelijk 'hè, wat?' in haar ogen.

Ik ging naast haar op mijn knieën zitten en nam haar kop tussen mijn handen.

'Je bent tevreden met je leven en het kan je niet schelen of om je heen de wereld instort. Maak jij je dan nergens ongerust over? Oud worden? Doodgaan?'

Ik voelde aan de beweging van haar kop dat ze begon te kwispelstaarten.

'*Been there, done that*,' antwoordde ze.

'Aha! Madame spreekt Engels.'

'Hé, kom op zeg! Ik ben oud. Ik heb alles al meegemaakt. Ook al doen mijn gewrichten tegenwoordig weleens pijn, één ding weet ik zeker: het leven gaat door.'

'En dat is het dan? Jouw geheime formule om kalm te blijven?'

Ze snoof ter bevestiging en legde haar kop weer op haar knuffelbeer.

Maar nu wilde ik het naadje van de kous weten. 'En als nou morgen het hondenvoer opraakt en er geen snacks meer voor je zijn? Wat doe je dan?'

Shira hief haar kop op en keek me ongelovig aan.

'Oké, oké. Was maar een grapje,' stelde ik haar lachend gerust.

Ze gaf me een lik over mijn gezicht. Haar wereld was weer in orde.

Been there, done that. Alles al een keer meegemaakt. De kalmte van oude honden is benijdenswaardig. En waard om na te streven.

‘God, geef me de kalmte om te aanvaarden wat ik niet kan veranderen, de moed om te veranderen wat ik wél kan veranderen en de wijsheid om het verschil te zien.’

Wie dit beroemde gebed om kalmte bedacht heeft, is niet duidelijk. Het wordt aan verschillende auteurs toegeschreven en er bestaan diverse varianten van. Zo luidt de versie van Friedrich Schiller: ‘Gelukkig is hij die geleerd heeft te verdragen wat hij niet kan veranderen en waardig los te laten wat hij niet kan redden.’[45] Dit gebed, ook wel *serenity prayer* genoemd, werd vooral bekend als slotgebed tijdens bijeenkomsten van anonieme zelfhulpgroepen (bijvoorbeeld de Anonieme Alcoholisten).

Het kalmtegebed was voor mij ook de aanleiding om het afgelopen jaar te kiezen voor een speciale manier van vasten: woedevasten.

Van oudsher bereiden christenen over de hele wereld zich in de weken voor Pasen voor op het grote feest. De zogenoemde vastentijd begint op Aswoensdag en eindigt op paaszaterdag. ‘Even minderen. Voor een ander,’ is het motto van de vastenactie van de katholieke geloofsgemeenschap in Nederland, een variant op de leuzen van vastenacties in welvarende landen over de hele wereld waaronder Duitsland waar Evangelische kerken *7 Wochen Ohne* (zeven weken zonder) als parool heeft. De vasten is een solidariteitscampagne van katholieke christenen met de minderbedeelde medemens. Het is een tijd dat jaarlijks miljoenen mensen afzien van iets wat ze in hun leven van alledag als normaal beschouwen. Sommigen doen het zonder chocolade, nicotine, vlees of alcohol; anderen trekken hun vastenactie nog breder en doen aan mentale vasten. Dat betekent dat ze zich gedurende zeven weken bezighouden met het waarom van hun dagelijkse routine en gewoonten en dat ze proberen een nieuw perspectief in te nemen om te ontdekken waar het in het leven echt om gaat.

Het idee voor mijn woedevasten is afkomstig van schrijver en blogger Johannes Korten, die in de zomer van 2016 zelfmoord pleegde. De fijngevoelige en empathische schrijver ging kapot aan het leven en met name aan terrorisme en de gruwelijk gewelddadige uitbarstingen van eenlingen, zoals hij in zijn afscheidsbrief schreef. Ik vind het vreselijk tragisch dat juist betrokken mensen, die zoveel te geven hebben aan deze wereld, bezwijken.

Het afgelopen voorjaar was ik op een punt beland dat ik dringend behoefte had aan meer kalmte. Dus werd mijn persoonlijke vastenmotto: zeven weken zonder woede. Ik bleef wel televisiekijken en krantlezen, maar nam al het nieuws simpelweg ter kennisgeving aan, deed in gedachten een stap achteruit, ademde diep door en liet het gaan.

En gek genoeg werkte het. Aan het einde van de vastentijd was ik duidelijk ontspannener. Ik was me ervan bewust geworden dat ik de chaos in de wereld niet kon voorkomen of stoppen en dat het niets opleverde als ik me erover zou blijven opwinden. Waarom zouden de woorden en daden van anderen mijn gevoelens en welzijn moeten beïnvloeden? Behalve ikzelf is niemand verantwoordelijk voor hoe ik me voel.

Het woedevasten is me zo goed bevallen dat ik het na Pasen ben blijven doen en er mijn levenshouding van heb gemaakt. Wanneer mijn vrienden zich er hardop over verbazen dat ik tegenwoordig zoveel relaxter ben dan vroeger, kijk ik glimlachend naar Shira, die luid snurkend in haar mand ligt en die me geleerd heeft hoe ontspanning werkt.

Onze honden hebben geen kalmtegebed nodig. Ze zijn absolute meesters in kalmte en acceptatie. Oude, zieke en stervende honden aanvaarden hun lot. Ze klagen er niet over hoe onrechtvaardig de wereld is. Ze vragen niet ‘Waarom ik?’ Ze weten dat de dingen zijn zoals ze zijn.

Alex is dierenfysiotherapeut. Ze behandelt Shira regelmatig om haar spieren te trainen en haar gewrichten beweeglijk te houden.

Een andere patiënt van Alex is Buster, een tienjarige reu van gemengd ras, die sinds een auto-ongeluk verlamd is.

'Zijn eigenaars wilden hem laten inslapen, omdat Buster volgens hen geen kwaliteit van leven meer zou hebben,' vertelt Alex. 'Maar ik zag gewoon hoeveel ongetemde levenslust er in hem zit.' Ze zorgde dat hij een rolstoel voor honden kreeg. Dit tweewielige geval, dat je eigenlijk beter een rolwagentje kunt noemen, is gemaakt van licht metaal en heeft aan de voor- en achterkant een verstelbaar tuigje dat je de hond omdoet en dat met drukknopen makkelijk vast- en weer losgemaakt kan worden. De luchtbanden maken het wagentje wendbaar en voor alle terreinen geschikt. Na een korte wenperiode stuift Buster inmiddels weer met zijn hondenvrienden van hot naar her over de speelweide, alsof hij nog steeds alle vier zijn poten heeft. Hij heeft plezier in zijn leven en geniet er elke dag weer van dat hij bij zijn mensen is. Ook honden die ledematen hebben verloren door kanker of die vanwege artrose of ouderdomszwakte niet meer kunnen lopen, winnen met zo'n hulpmiddel aan levenskwaliteit. De achtjarige teckel van Martina had een hernia en teckelverlamming. Maar met behulp van zijn sleepwagentje sjeest hij in zo'n pittig tempo rond dat zijn baasje er kleine BMW-wieldoppen op heeft gemonteerd.

'Het is ongelooflijk,' zegt Alex met tranen in haar ogen, 'hoe fantastisch dieren met een ziekte of handicap kunnen omgaan als je ze een kans geeft. Geef ze citroenen, en zij maken er limonade van.'

Er zijn tijden dat je leven anders loopt dan je had gepland. Toch is er altijd een oplossing te vinden. Echte kalmte is het vermogen om vooral in moeilijke situaties je innerlijk evenwicht of een onbevooroordeelde houding te bewaren. Het is het tegenovergestelde van onrust, agitatie, nervositeit en stress.

Onlangs stond ik in de file. Het verkeer zat muurvast. De bestuurder voor me zag het feit dat hij niet verder kwam kennelijk als een soort persoonlijke aanval. Hij schold en ging tekeer. De vrouw in de auto naast me wiegde haar hoofd ritmisch heen en weer; haar hele auto leek mee te deinen. Ze zong uit volle borst en was duidelijk tevreden met zichzelf en de wereld. Beide automobilisten zaten in dezelfde situatie, maar interpreteerden die totaal verschillend. Voor de man betekende de file woede en frustratie, de vrouw ontspande zich. Ze hadden allebei de macht om van de omstandigheden te maken wat ze wilden. Of ze zich ergerden of goed voelden, was hun eigen keus.

De wereld is niet eerlijk. Dat kun je maar beter accepteren en stoïcijns verdragen. Zo'n mentaliteit bespaart je veel teleurstellingen. Er is geen garantie voor de rest van je leven. Als je boven bent, kom je ooit weer onderaan uit; of misschien ook niet. Alles kan te allen tijde veranderen. Jij en ik kunnen alles wat we hebben in één klap kwijtraken. Daarom zouden we gelukkig moeten zijn met wat we op dit moment hebben – al is het maar een kauwbot – en ervan genieten. En laten we ons er bewust van zijn dat het elk moment van ons afgenomen kan worden, ook het leven.

Filosofen hebben sinds Socrates, Aristoteles en Seneca betoogd dat het ware gepaard gaat met opgewektheid en kalmte dan wel sereniteit. Accepteren wat niet te veranderen is. Dit wijze gebed vergezelt me al vele tientallen jaren en heeft mijn leven een stuk eenvoudiger gemaakt. Hoe vaak zijn we niet met ons hoofd tegen een muur gelopen in een poging om iets onvermijdelijks te veranderen? Wie heeft zich nooit kwaad gemaakt over iets wat niet te veranderen viel? En wat levert dat op, behalve hoofdpijn of een maagzweer?

Mijn moeder heeft op haar zevenentachtigste haar eigen kalmtemotto bedacht. 'Ik maak me nergens meer druk over. Dat verpest alleen maar mijn schoonheid,' zegt ze met een schalks glimlachje.

Elke dag doen zich situaties voor waarin je kalmte en sereniteit kunt oefenen. Oude honden leven het je dagelijks voor.

Zoals Mabel (zie p. 20-21 in het fotokatern), de negen en een half jaar oude Franse mastiff van mijn vriendin Corina. Mabel is een van de vrolijkste, positiefst ingestelde honden die ik ken. Ze begint elke dag met een brede grijns op haar diep gerimpelde gezicht. Als je haar met haar wapperende hangoren en flapperende lippen hebt zien ravotten met rottweiler Emma, haar beste vriendin, die even oud is als zij, kun je je niet voorstellen hoeveel leed deze hond en zijn vrouwtje al hebben doorstaan.

Toen Mabel drie was, moest ze voor de eerste keer aan haar elleboog geopereerd worden. Er volgden nog vijf operaties. Zo werden er goudimplantaten in al haar gewrichten gezet als pijnbestrijdingsmiddel. Elke keer leek ze te herstellen om vervolgens toch weer een terugslag te krijgen. En wat zo erg was, was dat Mabels nieren de vele narcoses, pijnstillers en antibiotica niet meer aankonden. Corina was bang voor elke nieuwe operatie. Urenlang zat ze naast haar hond, hield ze de infuusflessen vast en probeerde ze haar met de hand te voeren. Mabel dreigde te bezwijken aan hart- en nierfalen. Haar leven hing aan een zijden draadje. Eén keer kon Corina haar hond alleen nog redden door een hartmassage. Vrienden raadden haar aan om Mabel uit haar lijden te laten verlossen. 'Wil je dit jezelf en je hond nog langer aandoen?' vroegen ze haar.

Maar opgeven was voor die twee geen optie. En dus bleef mijn vriendin vechten voor het leven van Mabel, de hond van haar hart. Wekenlang zweefde ze tussen angst, hoop en wanhoop. Als het echt slecht ging met haar hond, zat Corina urenlang ingespannen te luisteren of Mabel nog ademde. Huilend hield ze de zieke hond in haar armen toen ze te horen kreeg dat haar zus was overleden. Soms lijkt de tragiek van het lot te zwaar om te dragen.

Ten slotte ging het weer beter met Mabel en leek alles zich ten goede te keren. Het leven gunde de twee een paar jaar vol vreugde en hoop. Maar de angst bleef.

'Als ik zie hoe Mabel met Emma speelt, hou ik mijn hart vast,' zegt Corina. 'Maar ik kan haar niet in een glazen kastje zetten. Ze is zo'n blije, levenslustige hond en geniet van elk goed moment.'

Mabels kwakkelende gezondheid is een zware emotionele en financiële belasting voor mijn vriendin. Toch vecht ze door, ook al lijkt het soms uitzichtloos. Corina is zich er trouwens terdege van bewust dat ze haar hond binnen afzienbare tijd zal moeten loslaten. Ook dat hoort bij liefde.

'We hebben een afspraak. Mabel heeft me beloofd dat ze in elk geval tien jaar wordt. Dan zouden we dus nog één zomer hebben... Niemand behalve mijn dierenarts en ik geloofden er in 2012 in dat ze zelfs maar vier zou worden. Ze is een medisch wonder, nog altijd levenslustig en overmoedig, ze is voor mijn gevoel soms eerder negen maanden dan negen jaar oud. Ze maakt me aan het lachen, maar ook steeds weer aan het huilen; als het slecht met haar gaat. Ze is mijn één en mijn alles, mijn geluk, mijn zielenhond. We hebben zoveel samen beleefd en doorstaan. Ze is al tien jaar van mijn leven mijn beste maatje en ik hoop dat ze zich aan onze afspraak houdt.'

'Als je na alles wat je nu weet, terugkijkt op jullie leven samen, zou je het dan weer zo doen?' vraag ik Corina, en ik weet het antwoord al, omdat ik hetzelfde zou zeggen.

'Jazeker! De fijne momenten winnen het met gemak van de zware tijden. Ik heb geleerd met de angst en zorgen te leven, ze te accepteren als een gegeven. Ik ga niet zitten kniezen, maar geniet van elke minuut met Mabel en ik wil er altijd voor haar zijn; zolang het nog enigszins gaat. Het is de moeite waard geweest om te vechten. En als Mabel op een dag doodgaat, zal ik mezelf ermee kunnen verzoenen, omdat ik er alles aan gedaan heb om haar een heerlijk hondenleven te geven.'

We leven in een *fix it*-maatschappij met technologie die bijna alles kan repareren. Maar we vergeten dat er aan alles in het leven ooit een eind komt; ook aan ons. Als dat gebeurt, valt er niets meer te repareren. Optimisme en vechtlust zijn goed en nuttig, maar op een gegeven moment verandert optimisme in ontkenning. Het is belangrijk dat je vecht zolang het zin heeft. En op een dag is het punt bereikt dat je moet stoppen en de dood niet meer als een vijand in de ogen mag zien. Dat is geen opgeven, maar accepteren wat er gebeurt.

Vier weken na mijn gesprek met Corina moest ze haar hond laten gaan. Mabels lichaam had de strijd gestaakt. Ze heeft zich niet meer aan haar belofte kunnen houden.

Dat honden hun eigen toestand zo goed kunnen accepteren, hoe die er concreet voor ze mag uitzien, behoort tot hun waardevolste eigenschappen. Dat geldt met name voor oude honden. Ze verstoppen zich niet voor de wereld en worden niet depressief. Ze houden niet op met genieten van het leven en ze blijven pret maken. Er verandert niets aan hun gedrag, hun vrolijk optimisme. Hoe erg ze er ook aan toe zijn, ze accepteren het. Dat is een les voor ons allemaal.

Een belangrijk aspect van kalm door het leven gaan, is vertrouwen. Er zullen zich in ons bestaan altijd weer pijn, ziektes en rampen voordoen. Die zullen we overleven. Als we er vertrouwen in hebben en proberen in het moment te leven, dan zal gebeuren wat moet gebeuren.

Ik kies ervoor om vanaf nu te genieten van het avontuur dat elke dag me biedt. Ik zal elke situatie aanvaarden, hoe hopeloos die ook lijkt, en haar binnenstebuiten keren om te zien wat ze voor me in petto heeft. De meest hopeloze situaties zijn feitelijk sleutelmomenten in ons persoonlijk groeiproces. We moeten uiteindelijk vrede hebben met wat er ook gebeurt, los van de uitkomst. Het cadeau dat oude honden ons steeds weer geven, is dat ze ons laten zien dat vandaag een prima dag is om te leven. En niet om je ongerust te maken over hoe het er morgen misschien uitziet. Morgen brengt eigen vreugde en problemen met zich mee. De zorgen van vandaag zijn genoeg voor nu. Al het andere zal nog blijken.

OVERWIN JE ANGST

Na een kort, warm lentebegin was er in maart 2018 een koudegolf. Van de ene op de andere dag was het kwik tot min tien graden gedaald en lag er een twintig centimeter dikke sneeuwlaag. Shira, die gek is op sneeuw, sprong en dartelde in de tuin rond en kwam op mijn bevroren tuinvijvertje terecht. Was ze vergeten dat het daar was?

Ik stond op het punt om de sneeuwschep terug naar de garage te brengen toen ik vanuit mijn ooghoek zag dat Shira de vijver op liep.

'Shira! Nee!'

Op hetzelfde moment hoorde ik het ijs breken en zag ik haar met de voorpoten langzaam in het donkere water glijden, dat onder haar verscheen. Vervolgens lag ze er helemaal in. Wanhopig probeerde ze weer op het ijs te krabbelen, maar het brak elke keer verder af onder haar gewicht. In paniek plonsde ze rond, toen zag ze mij aan komen rennen en peddelde ze in mijn richting. Mijn vijver is klein, maar bestaat uit een kunststof kuip met loodrechte verticale wanden. Daar zou ze in haar eentje nooit uit komen. Omdat Shira geen halsband droeg, kon ik haar er ook niet aan vastgrijpen om haar zo op de oever trekken.

Eindelijk was ik bij haar. Ik sprong met al mijn dikke winterkleren aan in het water, dat tot mijn heupen kwam. Shira klampte zich aan me vast terwijl ik haar op de oever tilde voor ik zelf weer uit de vijver klauterde.

Voor mij was de situatie niet gevaarlijk, maar voor Shira wel. Daarnet had ik nog sneeuw staan ruimen voor het huis, waar ik de achtertuin niet kon zien. Als ze op dat moment door het ijs was gezakt, had ze binnen een minuut onderkoeld kunnen raken en verdrinken. Toen ik mijn hond in het water zag spartelen, dacht ik er geen seconde over na of en hoe ik haar eruit kon halen. Ik reageerde volkomen instinctmatig.

Pas later, toen we weer binnen in huis waren, zat de schrik me ineens in de benen. Shira lag onder dekens en handdoeken bij de verwarming op te drogen en ik warmde mijn handen aan een kop hete thee. Ik ging naast mijn oudje zitten.

'Vond je het nou echt nodig om uitgerekend vandaag het zwemseizoen te openen?' vroeg ik. Ik nam haar kop in mijn handen en snoof de geur van haar vochtige vacht op. 'We hebben weer eens geluk gehad, hè meisje?' Dankbaarheid omhulde me als een warme mantel.

Shira keek me diep in de ogen voor ze met een zucht weer in slaap viel. Voor haar was ik vast haar heldin, de ridder zonder vrees of blaam; *superwoman*. Na een tijdje voelde ik me ook echt zo, ondanks mijn trillende knieën.

Mensen houden van helden. Er worden boeken en films aan hen gewijd. Ze krijgen medailles en worden gehuldigd. Maar wat is dat eigenlijk, een held? Op deze vraag zijn net zoveel antwoorden als er mensen zijn. Voor sommigen is het de politieagent of brandweerman, de EHBO'er of ambulancebroeder die levens redt. Voor anderen is het de klokkenluider, die zijn nek uitsteekt, of de journaliste die in een totalitair regime opkomt voor de persvrijheid. Sommigen van onze helden zijn een gewelddadige dood gestorven, zoals Dietrich Bonhoeffer, Mahatma Ghandi en Martin Luther King. Anderen zijn gewoon in ons midden: alleenstaande moeders en vaders; leraren die proberen een verschil te maken; geestelijken en politici die zich tegen geweld en haat keren.

Al deze mensen brengen dagelijks de moed op vol te houden en voor hun overtuiging uit te komen. En moed betekent niet dat je nooit bang bent, maar dat je iets doet ondánks dat je bang bent.

Mijn eerste hond Klops werd ooit aangevallen door een vervaarlijke Duitse herder die in het hele dorp als agressief bekendstond. Het beest had zich al vastgebeten in Klops' keel, en Klops gilde in hoge nood en van louter pijn. Ik stormde erop af, wierp me op de aanvaller en trok met beide handen zijn bek open om Klops te bevrijden. Daar zat ik dan met de woest tekeergaande Duitse herder tussen mijn benen geklemd en met mijn jankende hond naast me; nu had ik een probleem. Ik durfde de snuit van de herdershond niet los te laten, want dan zou hij weer toehappen en misschien ook mij te grazen nemen. Ik had mezelf onbesuisd gecast als menselijke mondklem en kon geen kant op. Het duurde voor mijn gevoel een eeuwigheid tot de toesnellende eigenaar zijn hond wegsleurde. Had ik er van tevoren aan gedacht dat de hond me kon bijten? Nee, in eerste instantie niet. De adrenaline die door mijn aderen schoot, had mijn reactie teweeggebracht. Hoe dom het misschien ook van me was.

Was ik moedig? Om mijn hond tegen een aanvaller te beschermen, heb ik geen moed nodig. Het was puur het instinct van een moeder die ziet dat haar kind in gevaar is. Ik zou met mijn blote handen een sabeltandtijger wurgen als die mijn Shira zou aanvliegen.

Toen ik het verhaal van de agressieve herder destijds aan een vriendin vertelde die zelf geen hond heeft, vroeg ze stomverbaasd: 'Zou je je hond ook proberen te redden uit een gevaarlijk snelstromende rivier?'

'Ja. Zonder een seconde te aarzelen.'

'Ook een vreemde hond?'

'Yep.'

'Ook als je jezelf daardoor in levensgevaar brengt?' Mijn vriendin kon er met haar verstand niet bij.

'Dan ook. Omdat ik dankbaar zou zijn als een vreemde míjn hond zou helpen. Zou jij je eigen kind niet redden? Of het kind van een ander?'

'Ja, natuurlijk.' Waarop de opmerking volgde die je zo vaak van niet-hondenbezitters hoort. 'Maar dat is toch iets heel anders.'

Een hond die gevaar loopt, haalt vaak het beste in ons naar boven. En hoe vaak riskeren honden hun leven voor ons!

Mike, zijn dobermann King en labrador Boomer waren een onafscheidelijk team. Op een avond fietste Mike met de honden aan de lijn door een rustige zijstraat. Een bestelwagen kwam de hoek om en reed hem aan. Hij viel met zijn hoofd op het asfalt, de bestuurder reed door. Mike keek naar zijn honden. Boomer stond op het trottoir en King midden op straat. Mike strompelde naar hem toe en riep hem. King negeerde hem en keek de andere kant op. 'Ik stelde me voor dat hij in de war was door het ongeluk,' zei Mike. 'Zelf was ik ook even helemaal de weg kwijt.' Hij was nog ongeveer tien meter van King verwijderd toen een andere auto de straat in reed. Ontzet probeerde Mike zo snel hij kon bij zijn hond te komen, al schreeuwend: 'King! King!' De hond wendde zijn kop naar hem toe en keek hem aan, keerde zich vervolgens weer om en liep de naderende auto tegemoet.

'King wist dat ik gewond was; ik had het zelf niet door, ik dacht in de eerste plaats aan hem. Hij stond daar midden op de weg, alleen om mij te beschermen. Toen werd hij geschept door de tweede auto. Mijn god, ik kan die aanblik niet van mijn netvlies krijgen.'

Boomer was eerder bij King dan Mike. Hij nam Kings halsband in zijn bek en probeerde zijn vriend van de straat te trekken.

'Ik kon niet zien hoe zwaargewond King was, maar ik wist dat het erg was, want hij bewoog niet.'

Ook de tweede automobilist reed door. Daar stond Mike, onder het bloed, midden op de weg. Een buurtbewoner zag hem en bracht hem een deken waar ze King in wikkelden terwijl ze wachtten op de dierenambulance. Ze brachten de hond naar een dierenkliniek. Hij had ernstige verwondingen, inclusief schedel- en hersenletsel.

'Toen ik hem moest laten inslapen was ik daar helemaal kapot van,' vertelde Mike. 'King was mijn eerste hond en zal altijd bij me blijven, want hij zit in mijn hart.'

Na een tijd schafte hij een andere dobermann aan als gezelschap voor Boomer. 'Het leven gaat door. Maar niet zonder hond.'

Niets laat beter zien hoe sterk de band tussen ons en onze dieren is dan de intense vlaag van compassie die ons dwingt in actie te komen als een hond in gevaar is. We laten alle redelijkheid varen, want ons oerinstinct om te beschermen komt boven; een gevoel dat veel sterker is dan de rede en dat getriggerd wordt zodra iets een bedreiging vormt voor onze twee- en viervoetige familie.

Maar honden redden niet alleen mensen, ze beschermen ook elkaar. Op YouTube kun je veel hartverscheurende filmpjes vinden van honden die hun gewonde vrienden proberen te redden of zich zelfs voor hen opofferen.

Ik vond vooral één filmpje in het bijzonder ontroerend.[46] Tussen de rails van een spoorlijn in de Oekraïne was een gewonde, uitgeputte hond neergevallen. Haar viervoetige vriend had zich over haar heen uitgestrekt in een poging haar te beschermen. Dan komt een snel naderende trein in beeld die over de twee honden heen rijdt. Gelukkig was het baanbed diep genoeg, waardoor ze niet verpletterd werden. Ze bleven daar twee dagen in de vrieskou liggen. Een ijslaagje bedekte hun vacht. De mensen die uiteindelijk te hulp kwamen, hadden grote moeite om ze alle twee te redden, omdat de reu zijn vriendin verdedigde. Maar uiteindelijk slaagde de reddingsoperatie. Toen de dierenarts de honden onderzocht, bleek de teef alleen wat kneuzingen te hebben. De eigenaar van de honden kon opgespoord worden en hij haalde zijn dieren terug naar huis.

Een ander filmpje toont een gewonde hond op de snelweg. Het dier ligt roerloos op de rijbaan. Auto's razen voorbij. Dan loopt een andere hond de weg op, neemt de halsband van zijn kameraad in zijn bek en probeert hem naar de vluchtstrook te trekken. Niemand houdt rekening met de dieren, één auto lijkt een van de dieren zelfs te schampen. Maar de hond sleept zijn vriend onverstoorbaar verder en brengt hem in veiligheid.

Er bestaan zoveel voorbeelden van moedige honden die levens redden! In het verleden werd betwijfeld of dieren in staat zijn tot onbaatzuchtig gedrag. Het idee was dat honden alleen handelen om zelf te overleven. Inmiddels weten we beter. Ook wolven gedragen zich altruïstisch.[47] Ik heb tijdens mijn onderzoek in Yellowstone ooit een territoriumstrijd gezien waarbij een wolf door de vijandelijke roedel werd aangevallen. Zijn maatje onderbrak de aanval door in volle vaart rakelings langs de vechtende dieren te scheren en zo de aandacht van de vreemde wolven op zichzelf te vestigen. Ze ontkwamen allebei.

Tijdens een ander gevecht was er een wolf die minder geluk had. Hij sprong midden in de vechtende troep wolven en offerde zich op voor zijn familie. Hij werd gedood.

Een van de vroegste aanwijzingen van onbaatzuchtigheid vind je in de ruïnes van Pompeï. Hier, in de Golf van Napels in Italië, bevindt zich de beroemdste vulkaan op aarde: de Vesuvius. In 79 n. Chr. op 24 augustus om ongeveer tien uur 's ochtends trilde het hele gebied door aardschokken. Daken stortten in; toen explodeerde de top van de Vesuvius met een luide knal en een reusachtige zwarte wolk steeg op uit de ontstane trechter. Onmiddellijk daalde een asregen neer op de stad, lava en modder stroomden bergafwaarts de vallei in en de naburige stad Herculaneum werd compleet weggevaagd.

In Pompeï stierven de meeste bewoners aan de dodelijke fosfordampen. Daarna werden ze onder een metershoge aslaag bedekt. Nadat de as was afgekoeld en de lichamen waren verteerd, bleven er holle ruimtes achter, die later tijdens archeologische opgravingen werden volgegoten met gips. Deze gipsafdrukken van mensen en dieren zijn tot op heden bewaard gebleven.

Wat bezoekers vooral ontroert, is de afdruk van een hondje dat boven op een kind ligt.[48] De hond, Delta geheten, draagt een halsband waarop je kunt lezen dat hij het leven van zijn eigenaar (of diens zoon) Severinus al drie keer had gered. Eén keer behoedde hij de jongen voor de verdrinkingsdood door hem uit de zee op het droge te trekken, een andere keer ging hij vier boeven te lijf die Severinus hadden aangevallen en ten slotte beschermde Delta zijn kleine vriend tegen een agressieve wolf. Door zich boven op het kind te gooien om het van de dodelijke aswolk te redden, verrichte de hond zijn laatste heldendaad.

Honden zijn helden, maar in tegenstelling tot politiemensen of brandweerlieden krijgen ze daar nauwelijks een vergoeding voor, laat staan een ziektekostenverzekering. Ze redden een baby uit een woest stromende rivier en krijgen een kluif als beloning. Niets bijzonders. Heroïek is standaard voor honden. Ze zijn niet moedig om te laten zien hoe geweldig ze zijn. Ze zijn echt onbaatzuchtig en daardoor een voorbeeld voor ons allemaal.

Dat ook mensen onder de meest tragische omstandigheden hun angst kunnen overwinnen uit liefde voor hun hond, kun je lezen in een indrukwekkend verhaal van Isaiah Spiegel. *A Ghetto Dog*[49] vertelt de geschiedenis van een hond en zijn bazin die in de Tweede Wereldoorlog in het getto van Warschau woonden. Spiegel, een joodse schrijver, heeft de oorlogsjaren in Polen doorgebracht, gedeeltelijk in een concentratiekamp en gedeeltelijk in het getto van Warschau, dat in 1940 door de nazi's was gesticht. Hij heeft het verhaal na de oorlog geschreven voor een bloemlezing.

Spiegel beschrijft het vernietigingswerk van de nazi's vanuit het perspectief van een bejaarde hulpbehoevende weduwe en haar oude afgeleefde hond Nicki. Wanneer de Duitsers alle honden in het getto van Warschau beginnen af te schieten met de toelichting dat het joodse honden zijn, kan ze het niet over haar hart verkrijgen om haar viervoetige vriend alleen zijn noodlot tegemoet te laten gaan. Ze volgt hem door het open veld tot achter een omheining waar de honden zullen worden geëxecuteerd. Ze houdt Nicki's lijn stevig om haar arm gewikkeld, alsof het de tefilin zijn,[50] de gebedsriemen die deel uitmaken van het religieuze ritueel van orthodoxe joden. Ze sterft samen met Nicki.

Dit verhaal over de liefde voor een hond onder de gruwelijkste omstandigheden is in mijn ogen een getuigenis van waar heldendom.

Moed is iets wat zich vaak afspeelt in stilte. Het betekent erbij blijven en volhouden als je het liefst de benen wilt nemen. Moed betekent soms ook alleen maar luisteren en niet praten, of juist zeggen waar het op staat, al zou je liever ontwijkend zijn en van onderwerp veranderen. Moedig zijn betekent je gevoelens uiten als je verdrietig, bang of gekwetst bent.

Een belangrijk aspect van mijn relatie met Shira is mijn belofte haar te beschermen. En daar houd ik me aan, zo goed als ik kan, ook als het voor mezelf lastig of gevaarlijk is. Of gewoon koud en nat.

Mijn ervaring is dat de wens om je eigen hond te beschermen steeds sterker wordt hoe ouder het dier is en ook hoe ouder je zelf wordt. Ik ben bang dat Shira iets overkomt. Dat de grote hond waarmee ze speelt haar een blessure zal bezorgen. Haar gewrichten doen pijn en ze is niet meer zo behendig. Eén sprong en een fors gewicht dat boven op haar belandt, kan haar rug breken. Een auto die ze niet hoort aankomen omdat ze doof is, kan haar overrijden. Een vreemde hond die ze niet waarschuwend hoort grommen, kan haar als hinderlijk ervaren en haar aanvallen. Ja, ik maak me zorgen om haar. En die zorgen houden niet op.

Hoe ik daarmee omga? Ik moet leren dat ik niet alles in de hand heb. Ik kan Shira niet behandelen alsof ze van glas is. Ik moet mijn angst toelaten. Af en toe bang zijn hoort bij het leven. Ik kan ergens bang voor zijn en toch doen wat er gedaan moet worden. Dat maakt het leven tot een avontuur. Angst is geen muur, maar eerder een mistsluier waar je doorheen kunt stappen, ook al lijkt het eng. Door mijn angst als het ware in de ogen te durven kijken, leer ik nieuwe situaties in het leven te hanteren en krijg ik meer zelfvertrouwen. Bijvoorbeeld door de onaanvaardbare methoden van een bekende hondentrainer openlijk aan de kaak te stellen of door tegenover anderen op te komen voor mijn bejaarde hond met al haar ouderdomskwalen. Maar ook als ik de spot en betweterigheid van andere hondeneigenaars trotseer door Shira in mijn armen te nemen wanneer ze bang is tijdens een onweersbui. Als je een oude hond hebt, worden er dagelijks kleine bewijzen van moed van je gevraagd, en dat maakt ons, hun menselijke maatjes, tot helden.

Maar ik zal aan het einde van ons leven samen het moedigst moeten zijn, als ik geconfronteerd word met mijn ergste nachtmerries en de liefde van mijn leven moet laten gaan. Dan is het tijd dat ik de belofte inlos die ik haar gedaan heb toen ik haar in huis nam: ik zal altijd van je houden en je veilig door zware tijden heen loodsen.

ALS HET TIJD IS

In de loop van ons leven moeten we veel en vaak loslaten. Partners gaan uit elkaar, mensen nemen afscheid van hun kinderen als ze volwassen zijn en hun eigen weg gaan. We doen afstand van al te hoge verwachtingen van onszelf en anderen, van fysieke en intellectuele vaardigheden en van dromen die we niet meer kunnen waarmaken. Ik wilde ooit in mijn leven de ruimte in om de aarde van grote afstand te zien. Het ruimtetoerisme wordt als dé markt van de toekomst beschouwd. Maar helaas; gezien mijn gevorderde leeftijd en een ontbrekend geldbedragje (namelijk een slordige twintig miljoen Amerikaanse dollars per persoon die de tot nu toe zeven ruimtetoeristen neertelden die sinds 2001 het internationale ruimtestation ISS hebben bezocht) zal mijn droom in dit leven niet meer uitkomen. Ik heb het me voorgenomen voor in een volgend leven. Afscheid nemen hoort bij het leven. Loslaten is alleen in het begin moeilijk, daarna wordt het steeds makkelijker. De belangrijkste dingen laten we pas op het allerlaatst gaan.

Als je een pup in huis haalt, weet je dat je hem op een dag zult verliezen. Je laat het niet echt tot jezelf doordringen, want die tijd is nog ver weg. Een heel leven lang. Je kunt en wilt je niet voorstellen dat het moment van loslaten misschien morgen al zal zijn. Bij jou en mij is de dood alleen aan de rand van ons bewustzijn aanwezig. Op veilige afstand. Die afstand wordt weliswaar steeds kleiner naarmate jij en je hond ouder worden. Maar terwijl de gezamenlijke tijd met je hond korter en korter wordt, krijg je elke dag een nieuw cadeau.

Sigmund Freud heeft ooit gezegd: 'In principe gelooft niemand in zijn eigen dood.'[51] En dat hoewel we toch allemaal weten dat we moeten sterven. Niemand ontkomt aan de dood. Toch doen we er alles aan om de dood te slim af te zijn, of beter gezegd onszelf wijs te maken dat hij ons niet te pakken zal krijgen. We proberen wanhopig onze veroudering te vertragen en de dood tegen te houden door sport, gezonde voeding, crèmes, plastische chirurgie... En we zijn verontwaardigd als sommige mensen die hun leven lang hebben gerookt en verkeerde voeding hebben gegeten nog steeds leven, terwijl anderen die alles 'goed' gedaan hebben, zijn overleden. Zoals gezegd, het leven is oneerlijk.

Soms zit ik met een boek in mijn leesstoel, luisterend naar Shira's gesnurk. Als dat vertrouwde geluid ontbreekt, ben ik ineens heel alert. Leeft ze nog? Ze heft haar kop op, alsof mijn angst haar heeft gewekt en kijkt me slaperig aan. 'Alles oké?'

'Sorry. Ik ben alleen bang om je kwijt te raken,' zeg ik tegen haar, al weet ik tegelijkertijd dát ik haar onvermijdelijk zal kwijtraken. 'Niet nu. Ooit op een dag,' voeg ik eraan toe.

'Ik ben er nog, hoor.' Shira legt haar kop weer op haar voorpoten en snurkt verder.

Hoe kan ik mijn intense liefde voor mijn hond verklaren en tot uiting brengen? Houdt mijn liefde gelijke tred met mijn groeiende angst voor haar dood? Hoe kan ik haar vrijlaten zonder haar alles te verbieden uit angst dat haar iets overkomt? Als ik wil dat zij en ik een leven leiden dat voldoening geeft, moet ze van mij ook mógen leven; met alle risico's die daarbij horen.

Wat als ik haar sterfdatum van tevoren zou weten; of die van mezelf? Zou ik dan zorgeloos kunnen leven en tot die dag van elk moment genieten? Of zou ik naarmate de dagen verstrijken steeds meer bevangen worden door de paniekerige angst om de boot te missen? Zou ik in afwachting van die laatste dag alles waar het in het leven om draait door mijn vingers laten glippen?

Hoe groter de liefde voor je hond, hoe moeilijker je waarschijnlijk kunt omgaan met zijn ophanden zijnde dood.

En toch is dat precies wat we moeten leren. Alleen als je bereid bent de dood in de ogen te kijken, kun je helemaal helder van geest leven en liefhebben. Wie terugschrikt voor de dood, schrikt terug voor het leven.

Is Shira zich er eigenlijk van bewust dat ze ooit doodgaat? En hoe zou ze willen sterven? In mijn euthanasieverklaring heb ik tot in de details vastgelegd onder welke omstandigheden ik zou willen sterven. Hoe zit dat met onze honden? Ze kunnen het niet tegen ons zeggen. Willen ze eigenlijk wel in onze armen sterven of dringen we ze daarmee weer eens onze eigen ideeën op?

Over mensen wordt gezegd dat ze het exacte tijdstip van hun dood bewust kiezen. Een vriendin had haar vader tijdens de laatste weken van zijn leven elke dag vierentwintig uur per dag verzorgd en begeleid. Ze week niet van zijn zijde. Maar hij overleed op het moment dat zij in de aangrenzende kamer een gesprek had met de behandelend arts, en haar vader slechts enkele minuten alleen was. 'Waarom nou toch?' Ze had erbij willen zijn en hem willen bijstaan. Maar als iemand stervende is, doet het er niet toe wat wíj willen. Het gaat om wat de stervende wil.

Ik weet niet of we het onze honden opdringen en zij het alleen uit liefde voor ons accepteren dat we ons huilend aan hen vastklampen terwijl zij hun laatste injectie krijgen. Misschien zouden ze liever alleen op hun favoriete plekje in de tuin dood willen gaan; zoals Max.

Max was de elf jaar oude hovawart-bastaard van mijn vriendin Annelie (de hond die zelf zijn auto mocht uitkiezen). Hij was al langere tijd ziek. Zijn vrouwtje wist dat hij het niet lang meer zou maken en probeerde zijn lijden zo veel mogelijk te verlichten. In de nacht moest Max nu herhaaldelijk de tuin in om te plassen. De laatste nacht van zijn leven wilde hij weer eens naar buiten. 'In de tuin rolde hij tevreden door het gras, zoals hij zo vaak had gedaan,' vertelt Annelie. 'Toen ik hem naar binnen wilde roepen, lag hij op het gazon alsof hij sliep. Ik liep naar hem toe om hem wakker te maken. Toen zag ik dat hij dood was.' Samen met twee vrienden droeg Annelie Max het huis in. Ze gingen alle drie nog even bij hem zitten om afscheid te nemen. Zo'n dood – hoe verdrietig het voor de achterblijvers ook is – wensen we onze honden toe. En misschien ook onszelf.

Ook veel wilde dieren trekken zich terug om te sterven. Oude wolven nemen geen afscheid van hun familieleden, ze staan gewoon op en lopen weg – sommige gaan naar hun favoriete plekje – om te sterven.

Weinig mensen zijn zich bewust van de eindigheid van het leven. Als je jong bent, bestaat het einde niet. Het is nog zeventig, tachtig jaar van je verwijderd. Als je iemand kwijtraakt van wie je houdt, komt de dood in één klap veel dichterbij. Maar als je een hond hebt, word je je pas echt regelmatig van de eindigheid bewust. Een hondenleven is zo kort! Als je vroeg of laat met zijn dood geconfronteerd wordt, zoek je antwoorden op fundamentele levensvragen:

Wat was voor mij belangrijk? Wat heb ik verknald? Wat zou ik over willen doen? Wat laat ik achter? Hoe keek ik tegen de wereld aan toen ik jong was? Wat zou ik doen als ik wist hoe lang ik nog te leven had? Waar wacht ik op? Hoeveel tijd heb ik nog?

Ouder worden met een hond die ook oud is, werpt je terug op jezelf en op de basis van je bestaan. Vragen honden naar de zin van het leven? Dat wil ik weten, en ik hurk naast Shira neer, die me vol verwachting aankijkt.

'Wandelen?' vragen haar ogen.

'Nee, filosofie-uurtje.'

Ze ademt uit met een mengelmoes van teleurstelling en ergernis. 'Oké, best. Begin maar.'

'Vraag jij je ook weleens af of je leven zin heeft gehad of wat je achterlaat?'

Shira beweegt haar wenkbrauwen op en neer. Dat doet ze altijd als ze nadenkt.

'Kijk, ik bedoel: veel mensen gaan ooit in hun leven een crisis door. Ze trekken zich terug uit de wereld en gaan in een hutje op de hei wonen. Of ze kopen een motor of leggen het aan met een veel jongere vriendin. Het leven lijkt hun saai, zonder uitdagingen. Tredmolen, sleur, platgetreden paden, je kent het wel. Je hebt alles, maar bent toch ontevreden.'

'O? Nou, ik ben wél tevreden.'

'Echt waar? Je bent nu dertien. Heb jij nooit een crisis gehad? Wat is voor jou de zin van het leven?'

Het antwoord komt zonder aarzelen: 'Eten, slapen, zwemmen. En balletje halen.'

Het steekt me een beetje dat ik in deze opsomming helemaal niet voorkom.

Bestaat er een hoger doel in het leven? Of is het bestaan zelf het doel? Met andere woorden: is de zin van het bestaan dus simpelweg je leven leven, zoals Shira doet?

Doodgaan is even persoonlijk als leven. Het betekent verandering. Je neemt afscheid en laat los. Maar voor je sterft, leef je. Juist omdat je aardse bestaan qua tijd begrensd is en je weet dat je geen enkel moment voor altijd kunt vasthouden maar ervan moet genieten, omdat het nooit meer terugkomt; daarom zouden jij en ik van elke dag het beste moeten maken. Juist deze vergankelijkheid maakt het leven zo kostbaar. We kunnen de dood niet tegenhouden, maar we kunnen erop voorbereid zijn.

Toen ik in 1990 mijn labradorteefje Lady uit het Amerikaanse dierenasiel haalde, stroomde mijn hart over van geluk, blijdschap en hoop. Maar diep vanbinnen wist ik natuurlijk dat ze op een dag – binnen tien tot vijftien jaar – mijn hart zou breken.

Lady's countdown duurde vijftien jaar en eindigde met Pasen, 2005.

Het was een stralend heldere ochtend. De lucht was blauw met hier en daar wat schapenwolkjes. Achter de horizon kwamen donkere wolken opzetten. Naast me hoorde ik het gesnurk en de piepende ademhaling van Lady. Ze sliep, eindelijk. Ze had de hele nacht rusteloos door het huis gelopen. Ik had haar een kalmeringsmiddel gegeven en ook nog een pilletje tegen misselijkheid. Sinds een paar maanden kreeg ze hartmedicatie en plaspillen en recentelijk bovendien de maximale dosis Metacam, die hielp haar ontstekingen en pijn vanwege de artrose binnen de perken te houden. Ik was dankbaar voor de korte periode van rust; voor haar en voor mij. Ik had inmiddels al heel veel gebroken nachten achter de rug en was dan ook uitgeput. Zelfs op dat moment was ik ergens in mijn achterhoofd nog alert en gespitst op het geringste geluidje. Lady zou algauw weer wakker worden en door het huis lopen, met trillende poten omdat haar spieren erg zwak waren, en met de oren plat in de nek en de staart tussen de poten omdat alles haar zoveel inspanning kostte. Ze zou voor me staan hijgen met de tong uit de bek en me met haar grote bruine ogen aankijken. Dan zou ik haar in mijn armen nemen en proberen haar te kalmeren. Ze zou zich loswurmen en de tuin in willen. Maar ook daar liep ze alleen maar urenlang rond, gedreven door onrust en pijn. Ik zou haar dan de volgende dosis medicatie geven, die hopelijk zou werken. Tijdens die fases van ongedurigheid bloedde mijn hart, omdat ik zo graag wilde helpen, maar machteloos stond.

Cabaretier Jochen Busse heeft ooit tijdens een cultureel evenement over zijn leven als gepensioneerde verteld. Hij zei: 'Op je tweeënzeventigste staat de dood nog niet bij je op de stoep, maar hij zoekt alvast een parkeerplaats in de buurt.'[52] Ook voor Lady was de dood al bezig met inparkeren, en ik kon niet voorkomen dat hij straks bij mij op de stoep zou staan.

Ik was er nog niet klaar voor om het liefste dat ik had te laten gaan, al had ik tijd genoeg gehad om me erop voor te bereiden. Ik had het lang voor mezelf ontkend, hoewel de leeftijd van mijn hond duidelijke taal sprak. Een grote rashond is op haar vijftiende oud. Maar er zijn altijd weer uitzonderingen, sommige honden worden zestien, zeventien of zelfs achttien, zoals de hond van mijn buurman (die alleen maar in de kelder of in de tuin verbleef; altijd aangelijnd zelfs). Het leven is niet eerlijk.

Mijn gevoel wist al veel langer dan mijn verstand dat het tijd was. Zonder aanwijsbare reden hield ik me al een langdurige periode bezig met de dood. Ik las de prachtige boeken van Elisabeth Kübler-Ross over sterven, en tijdens mijn recentste wolvenexpeditie naar Yellowstone had ik de dood heel wat keren ontmoet. In de blokhut naast de mijne bivakkeerden jagers en als ik 's morgens de voordeur opendeed, schrok ik me steeds weer een ongeluk vanwege de dode wapitiherten op de laadbedden van hun bestelwagens. Ik zag dieren sterven in het natuurpark, niet op een natuurlijke snelle manier door verscheurd te worden door roofdieren, maar alleen, en met veel moeite en pijn. Een bizonmoeder was met haar kalfje door het ijs van een meer gezakt. Ze konden er geen van tweeën meer op eigen kracht uit komen. Dagenlang moest ik de eenzame doodstrijd van de twee dieren aanzien. Eerst verdronk de moeder. Dit hield het jonkie langer in leven, omdat het op zijn dode moeder stond. Maar het kalf kon ook niet uit het wak klimmen. Ik ging met de parkwachters praten en drong er bij hen op aan om het dier uit zijn lijden te verlossen, maar ik kreeg alleen onbegrip voor mijn kiezen en het commentaar dat het er in de natuur nu eenmaal zo aan toeging.

Ik had er toen nog geen vermoeden van dat het algauw mijn plicht zou zijn om zelf een dier uit haar lijden te verlossen... En ik was nauwelijks weer thuis of ik kreeg te horen dat twee goede vrienden van me waren overleden en dat mijn beste vriendin kanker had. Ik was omsingeld.

Voor mij is de dood iets waar ik me steeds opnieuw intensief mee bezighoud omdat ik oprecht geloof dat we er heel veel van kunnen leren. Mij heeft het geholpen te groeien en volwassen te worden. Ik heb de dood intellectueel en spiritueel geanalyseerd, begrepen en verwerkt. Ik heb hem zelfs verwelkomd toen mijn eerste hond doodging en toen ik erbij mocht zijn op het moment dat mijn opa stierf. Het waren bijzondere, prachtige, zij het heel verdrietige momenten. Die mij en mijn leven hebben veranderd.

Loslaten is een daad van liefde. Het berust op een diep innerlijk besef dat het leven zijn loop neemt en zich niet laat vasthouden. Dieren kennen deze wet. Alleen wij mensen worstelen er nog steeds mee.

Ik had in mijn leven graag alles onder controle gehad. Nu, met Lady, werd ik geconfronteerd met het feit dat ik helemaal nergens meer grip op had. Alles wat ik tot dat moment geleerd had, verloor in de loop van Lady's laatste reis zijn betekenis. Ik moest de situatie accepteren om haar het sterven makkelijker te maken. Vertrouwen hebben in het proces en mijn neiging loslaten om elk moment te willen managen. De strijd staken is geen nederlaag. Het heeft niets met winnen of verliezen te maken. Het betekent gewoon dat je het universum teruggeeft wat je te leen hebt gekregen en wat jij of ik helemaal niet zelf in het leven hadden kunnen roepen.

Ik had me ook wel op Lady's dood voorbereid. In het voorafgaande jaar had ik laat in de herfst alvast een diep graf in de tuin gedolven, gewoon omdat ik een voorgevoel had. Ik had het gat dicht bij de vijver gegraven, het water waar ze zo gek op was. Ik wilde dit achter de rug hebben, zodat ik me, als ze inderdaad binnenkort zou sterven, volledig op haar kon concentreren. Terwijl ik haar graf uitgroef, lag ze erbij en keek ze toe. Volgens mij vond ze het een fijne plek.

Toen het de laatste paar weken duidelijk slechter met haar

ging, bereidde ik me verder voor, las ik een stapel boeken en praatte ik met vrienden die ook hun hond hadden verloren. Met de dierenarts sprak ik de procedure door als het allerergste moest gebeuren, en zij deed een laatste bloedonderzoek bij Lady. Daaruit bleek dat haar nieren op het punt stonden het te begeven. De waarden waren sterk verhoogd, ze vertoonde alle tekenen van nierinsufficiëntie. Ze dronk ontzettend veel water, haar urine was heel licht van kleur, wat betekende dat haar lichaam geen gifstoffen meer uitscheidde. Ze had haar darmen al maandenlang niet meer onder controle, maar daar kon ik best mee leven. De laatste tijd waren er evenwichtsproblemen bij gekomen, ook een van de tekenen van nierfalen en dan nog de misselijkheid.

Nu, op het moment dat mijn verstand wist dat het tijd was om Lady te laten gaan, waren alle voorbereidingen vergeten en bestond ik alleen nog maar uit pure rauwe pijn. Ik klampte me vast aan de laatste sprankjes hoop. Steeds als ze sliep en rustig ademde, hoopte ik dat haar onrust van voorbijgaande aard was geweest en dat ze weer zou opknappen, of ik hoopte dat ze in een heel diepe slaap zou wegglijden naar gene zijde. Maar zo ging het niet. Net als bijna vijftien jaar geleden toen ik de verantwoordelijkheid voor haar had genomen door haar uit het asiel te halen, eiste het lot nu van me dat ik de laatste stap zou zetten. Ik moest haar op weg helpen naar haar laatste thuis. Ik ruziede met God en bad om meer tijd, van 'alleen nog tot de zomer' en 'nog een paar dagen' tot 'nog één nacht, alstublieft'.

Mijn Lady had me ongetwijfeld met alle liefde nog een paar dagen extra willen geven, ook al zou het voor haarzelf een kwelling betekenen. Maar dat mocht ik haar niet aandoen. Toen ik haar uit het asiel haalde, had ik haar beloofd dat ik er altijd voor haar zou zijn. Altijd. Nu was het zover dat ik mijn belofte moest inlossen.

Op paasmaandag was Lady er zo slecht aan toe dat de goede momenten erbij in het niet vielen. Ik mocht niet meer aan mezelf denken. Het ging nu alleen om mijn stervende hond. Ik wilde haar levenseinde even waardig en vastberaden aangaan als zijzelf. Pas als ik echt bereid was haar te laten gaan, zou ik haar de kans geven om deze wereld zonder angst te verlaten. Toen ik me dat realiseerde, maakte mijn eigen angst plaats voor acceptatie.

Overdag sliep Lady, compleet uitgeput; 's nachts dwaalde ze door het huis. Haar hartproblemen leken tot angsten te leiden: ze zocht me continu op. Ik nam haar in mijn armen en troostte haar. Ik gaf haar alle medicatie die tot nu toe geholpen had, maar inmiddels nauwelijks meer werkte. Ik was zo afgedraaid dat ik mijn eigen lijf niet meer voelde. Ik sliep naast mijn hond – op de bank en soms op de vloer – en aaide haar. Als ze even echt in slaap viel, sloop ik naar mijn eigen bed. Even later stond ze alweer naast me, hijgend en met een hulpzoekende blik op me gericht, met de staart tussen haar poten en weggetrokken mondhoeken. Ik zag dat ze pijn had en dat ze er slecht aan toe was. Op de middag van deze zelfde dag, nu een paar uur geleden, had ze nog met me gespeeld, had ze korte tijd rondgesprongen en had ik een klein wandelingetje met haar gemaakt. Ik wist dat de uren direct voor de dood vaak een bedrieglijke opleving laten zien. Lady leek kortstondig sterker te worden, maar dat was alleen een voorbode van haar snel naderende einde. Weer thuis struikelde ze meer dan eens en kon ze haar poten niet meer coördineren.

De volgende morgen sliep ze diep en vast. Ik vroeg me opnieuw af of we niet toch nog even konden wachten. Maar mijn hond nam mijn twijfels weg. Haar adem stokte even en ze kreeg het weer benauwd.

Ik nam haar kop tussen mijn handen en keek haar diep in de ogen, die een eigenaardige diepe glans hadden. Haar staart roffelde kort en zwaar op de vloer. Ze keek me even aan. Rustig, bijna teder. We hadden geen woorden meer nodig. Alles was gezegd.

Ik pakte mijn telefoon en belde de dierenarts. 'Het is zover,' zei ik. Ze had nog patiënten in de praktijk en wilde na het spreekuur direct langskomen. Dus hadden Lady en ik nog twee uur samen. Liefde was nu belangrijker dan mijn angst voor de eenzaamheid.

Dat is het laatste wat onze honden ons geven. Het geschenk van het loslaten. Niet dat dat iets is wat we graag willen hebben of waar we ooit helemaal klaar voor zijn. Dus moeten we het aan ons dier overlaten ons de afgrond in te voeren en ons er door de bevestiging van hun liefde en loyaliteit weer uit te trekken.

LAAT LOS WAT JE NIET KUNT VASTHOUDEN

Met het telefoontje naar de dierenarts begon voor mij de moeilijkste en tegelijk de mooiste tijd met mijn hond. Ik was dankbaar dat ik haar mocht bijstaan in de belangrijkste ogenblikken van haar leven. Deze verschrikkelijke dag bracht de mooiste cadeaus met zich mee. Mensen van wie een familielid plotseling gestorven is, betreuren het vaak dat er geen afscheid is geweest. Hadden ze nog maar alle lieve dingen tegen de overledene kunnen zeggen waar je in het dagelijks leven eigenlijk niet zo toe komt. Ik had de kans om nog één keer tegen Lady te zeggen wat er echt toe deed. Ik ging naast haar op de vloer liggen, aaide haar en praatte tegen haar.

'Het is oké om dood te gaan,' zei ik tegen haar. 'Natuurlijk zal ik je vreselijk missen. Ik zou willen dat je voor altijd bij me bleef, maar dat kan niet. Ik weet dat je ergens naartoe gaat waar het prachtig is en dat wij elkaar nooit echt zullen kwijtraken. Als je nu moet gaan, dan help ik je.' Ik slikte de brok in mijn keel weg, negeerde de vlijmende steken van verdriet in mijn hart en praatte verder.

'Je weet dat ik heel verdrietig zal zijn als jij straks niet meer bij me bent. Maar ik heb de herinnering aan onze jaren samen. Maak je geen zorgen, het komt weer goed met me.'

Toen vroeg ik haar nog één keer mij te helpen: 'Ben je echt klaar om te gaan?'

En haar warme ogen zeiden: 'Laat maar los.'

Nu de beslissing gevallen was, werd ik rustig en voelde ik me zelfs opgelucht. We zouden deze laatste weg samen in liefde afleggen.

Ik gaf haar alle beloningssnacks die ze altijd zo lekker had gevonden. Waarschijnlijk dacht ze dat ze al in het paradijs was. Ik kuste haar snuit, haar kop, haar poten en vertelde haar dat ze een grote reis ging maken naar een heel mooi land waar altijd water is om in te zwemmen en meer dan genoeg te eten en waar een heleboel van haar oude hondenvrienden en -vriendinnen al op haar wachtten. Ik vertelde haar dat ze haar moeder, haar broertjes en zusjes zou terugzien. Ik verzekerde haar dat ze niet bang hoefde te zijn en ik beloofde dat ik op een dag naar haar toe zou komen. Dan zouden we voor altijd bij elkaar blijven. Ik zei haar hoeveel ik van haar hield en vroeg haar om vergiffenis, omdat ik haar zo lang had laten lijden en ik haar moest aandoen wat er straks ging gebeuren. We keken elkaar in de ogen en voerden een stille dialoog.

Ik hield haar in mijn armen tot de deurbel ging en de dierenarts arriveerde. Lady, die anders nagenoeg stokdoof was, hoorde de bel, krabbelde op en rende blaffend naar de voordeur; op-en-top de jonge hond die ze ooit was geweest. Verbluft vroeg de dierenarts: 'Weet je het zeker?' Ik beschreef haar hoe de laatste nachten waren geweest, en ze wist dat ik deze keus niet zou maken als het niet het beste voor mijn hond zou zijn.

Lady ging rustig op haar deken voor het raam liggen. Het zonlicht omgaf haar vacht met een gouden gloed. Ze was nog nooit zo mooi geweest als op dat moment. Ik gaf haar nog een lekkere snack terwijl de dierenarts de injectiespuit voor de narcose gereedmaakte. Terwijl ik Lady's kop in mijn schoot hield, bedankte ik haar voor alles wat ze me gegeven had en bad ik in stilte: 'God, dank u wel voor deze hond die u me te leen hebt gegeven om onvoorwaardelijke liefde en geluk in mijn leven te brengen. Ze heeft haar opdracht helemaal vervuld. Nu geef ik haar aan u terug. Zorg goed voor haar.'

De arts injecteerde het verdovingsmiddel in de ader in Lady's achterpoot. De spieren verkrampten heel even en ontspanden weer. Haar lichaam werd zachter en zakte dieper weg in mijn schoot. Ik hield haar kop vast. Ze ademde nog, maar sliep al heel diep. Mijn laatste boodschap aan Lady was: 'Ga binnen in het licht. Dag meisje. Ik hou van je.'

Toen zette de dierenarts de dodelijke injectie rechtstreeks in haar hart. Ik merkte geen verschil met de narcose, behalve dat Lady's pupillen een melkachtige glans kregen. En ze ademde niet meer. Mijn hond was dood. Had ik maar een tweede hart dat gewoon op de plek van het eerste zou kunnen glijden, dat op dit moment brak.

De dierenarts vroeg of ze me nog ergens mee kon helpen en toen ik nee zei, omhelsde ze me en verliet ze stilletjes mijn huis. Ik was weer alleen met mijn hond, hield haar in mijn armen en aaide haar onophoudelijk. Ik voelde haar warmte, haar zachte vacht. Het leek alsof ze sliep; alleen ademde ze niet meer. Toen een stuiptrekking in haar poten. De dierenarts had me van tevoren gewaarschuwd: 'Het kan gebeuren dat sommige spieren nog trillen, hoewel ze al dood is. Dat komt doordat de commando's van de hersenen, die zogezegd nog onderweg waren, worden uitgevoerd.'

Ik nam elk ogenblik heel bewust in me op, elk duizendste deel van een seconde. Ik wist dat Lady dood was, maar de spiertrekkingen gaven me het gevoel dat er nog een restje leven in haar zat. Ik was net een kind dat haar handen voor haar ogen slaat en hoopt dat als ze weer kijkt, alles weer zo zal zijn als voorheen. Maar niets was meer zoals voorheen. Ik keek uit het raam. Ver boven me trokken twee buizerds hun baan langs de blauwe hemel. Ook Lady zweefde nu waarschijnlijk ergens daarboven. Vrij van angst en pijn.

Volgens het *Tibetaanse boek van leven en sterven*[53] zijn de doden nog enige tijd bij ons wanneer ze zich al bevrijd hebben van hun aardse omhulsel. Met de hersendood is het eigenlijke sterfproces nog niet voltooid. De tijdruimte tussen het stoppen van de ademhaling en het einde van de 'innerlijke adem' wordt traditioneel aangeduid als 'de tijd die je nodig hebt om een maaltijd te gebruiken', dat wil zeggen ongeveer twintig minuten. Deze korte termijn is elk levend wezen nog geestelijk aanwezig, al is het lichamelijk al dood. Deze momenten en de tijd vlak erna vormen voor veel mensen de intensiefste periode die ze ooit met hun dier meemaken.

Na een tijdje legde ik Lady's kop voorzichtig op de vloer. Ik ging de tuin in, plukte wat bloemen en rangschikte die om haar heen. Vervolgens fotografeerde ik haar levenloze lichaam. Ik knipte een paar haren van haar vacht, die ik naderhand op onze favoriete plekjes wilde begraven om haar te herdenken. Toen maakte ik thee voor mezelf en haalde ik de oude fotoalbums tevoorschijn. Ik ging met mijn kop thee weer naast mijn dode hond op de vloer zitten en nam haar kop opnieuw in mijn schoot. Terwijl ik haar aaide, keek ik naar de vele foto's die ik van haar had genomen. Ik vertelde haar hoe ik haar uit het dierenasiel in Virginia had gehaald en dat het voorbestemd was geweest dat wij elkaar zouden vinden. Ik vertelde haar over de reizen die we samen hadden gemaakt. Hoewel de tranen over mijn wangen rolden, moest ik toch lachen om sommige van onze avonturen. 'Weet je nog dat we in Sedona in Arizona op de rode rotsen waren geklommen en languit op het warme zandsteen gingen liggen? Ik wilde een vortex voelen, zo'n legendarische energiekolk die deze plek in het esoteriewereldje beroemd heeft gemaakt. Maar we vielen allebei in slaap en werden pas wakker toen naast ons een coyote begon te huilen. Jij schrok zo dat je bijna loodrecht in de lucht sprong; en de coyote ook.'

Door die 'weet-je-nog'-verhalen wikkelde ik ons samen in de warme mantel van het verleden. Ik vroeg haar: 'Heb ik alles gedaan wat ik kon doen? Was je een gelukkige hond?'

Vreugde en dankbaarheid vanwege het leven met haar overspoelden me. Ik wist dat ze een goed leven had gehad. Ja, ze was een gelukkige hond geweest, zoveel was zeker.

Mijn ouders, buren en vrienden kwamen na elkaar binnendruppelen om afscheid te nemen van Lady. Ik kon haar nog steeds niet loslaten. Maar dat was oké. Ten slotte viel de schemering. Lady werd alsmaar kouder en stijver. Heel langzaam begon ik haar ook innerlijk los te laten. Haar lichaam veranderde bijna onmerkbaar.

Pas nu, bijna acht uur nadat ze gestorven was, leek ze echt te vertrekken. Plotseling wist ik dat haar ziel niet meer in haar lichaam was. Dat nu alleen haar fysieke omhulsel nog daar lag.

Toen was ik er uiteindelijk klaar voor om haar te begraven. Ik wikkelde haar in haar lievelingsdeken, vlijde haar zachtjes neer in haar gereedgemaakte graf en schoof een gedragen T-shirt van mij onder haar kop, zodat ze mijn geur bij zich had. Rondom haar legde ik haar hondenriem en haar favoriete speelgoed neer, een foto van haar en mij en – volgens de oud-Egyptische traditie – een paar hondenkoekjes voor de lange reis. Per slot van rekening hebben labradors altijd honger. Eén laatste kus, een laatste aai, een kort gebed. Toen viel de eerste schep donkere, warme aarde op mijn hond. Het was voorbij.

Toen ik het graf had opgevuld met aarde, was ik echt ontzettend moe. Toch voelde het als een waardige afsluiting in vrede, en ik wist dat ik alles goed had gedaan.

Die nacht bracht Lady me een cadeau. Ik hoorde het getik van haar nagels op de vloer en even later hoorde ik hoe ze zich schudde. Hoewel ik haar niet kon zien, rook ik haar en voelde ik heel intens haar aanwezigheid. Haar geest stuurde me een teken dat het goed met haar ging. Ze wilde niet dat ik verdrietig was.

Veel hondenbezitters krijgen niet de kans om zo intensief afscheid van hun viervoeter te nemen. Vaak is het door omstandigheden niet mogelijk, of zijn ze niet in de juiste gemoedstoestand om hun dieren tijdens hun laatste gang te begeleiden.

Ikzelf heb vanwege speciale omstandigheden mijn eerste hond Klops in een dierenartsenpraktijk moeten laten inslapen en hem daar moeten achterlaten. Daarna duurde het veel, veel langer voor ik het verlies had verwerkt. Als we onze viervoetige vrienden in hun laatste weken en dagen zelf kunnen begeleiden is dat een speciale gunst en een groot cadeau waarvoor we dankbaar mogen zijn. Het is een aangrijpende, voldoening schenkende gebeurtenis en een diepgaande ervaring. En hoeveel pijn dit proces ook doet, we groeien erdoor.

Vroeger was de dood onderdeel van ons leven. Toen mijn overgrootmoeder overleden was, lag ze drie dagen opgebaard in de woonkamer. Haar dochters legden haar af, wasten haar, kleedden haar aan en legden haar in haar kist. We konden allemaal afscheid van haar nemen, de buren kwamen langs en brachten eten mee. Zo stonden of zaten we rond de dode en praatten we over hoe haar leven met ons geweest was. Toen het stiller werd en er niemand meer in de woonkamer was, sloop ik in mijn eentje terug naar binnen en praatte met mijn overgrootoma. Het voelde alsof ze er nog steeds was. Voor mij was deze manier van afscheid nemen een helende ervaring.

Tegenwoordig zijn we vergeten hoe belangrijk zulke rituelen zijn. Doodgaan gebeurt goed afgeschermd en in stilte. Het afleggen van de dode wordt overgelaten aan uitvaartcentra. Maar toch kunnen we onze doden niet zo makkelijk loslaten. Als mensen verdwijnen en vermoedelijk dood zijn, zetten we alles op alles om hen te vinden en hun lichaam thuis te brengen. Toen op 11 september 2001 duizenden mensen stierven in het World Trade Center, zochten experts met honden naar de geringste overblijfselen om de familie van de verdwenen mensen zekerheid te geven. Dat gaf hun de gelegenheid om hun verlies voor zichzelf af te sluiten.

Dat ik nog zoveel tijd met mijn dode hond kon doorbrengen, heeft me gemoedsrust gegeven. Toen ik Lady na haar dood in mijn armen hield, voelde ik door mijn verdriet heen een toestand van puur geluk, innige liefde en helder licht. Dit kun je ervaren ongeacht of het nu de dood van een geliefd vier- dan wel tweevoetig wezen betreft. Misschien is het ons in het ogenblik van de dood vergund een blik in het paradijs te werpen...

Waarom zijn we toch zo bang voor de dood? Hoe het is om te sterven heeft niemand nog kunnen vertellen, afgezien van bijna-doodervaringen. Ik stel me sterven voor als thuiskomen. Misschien is het aan gene zijde zoveel mooier dan we ons voorstellen. We weten het niet. Maar om tijdens het leven bang te zijn voor de dood is in elk geval zinloos. Dieren, vooral oude honden, leren ons om elk moment bewust te ervaren, zelfs al is het ons laatste ogenblik op deze wereld. Om een leven te kunnen leiden dat voldoening geeft, moeten we onze angst vergeten.

Honden laten zien hoe je lijden zonder klagen kunt accepteren en hoe je ondanks de beperkingen van ouderdom en ziekte het beste uit het leven haalt. En ze geven je nog iets mee: hun rustige besef van het naderende einde wanneer hun laatste uren aanbreken. Lady aanvaardde de dood met een houding waarvan ik hoop dat ik ooit moedig genoeg zal zijn om die ook op te brengen.

HUIL, LACH, HEB LIEF

Het leven van een hond is kort, te kort. Maar dat weet je als je een hond neemt. Je weet dat je groot verdriet te wachten staat, dat je je dier zult verliezen en dat je daaronder zult lijden. Daarom zou je elk moment dat je met je dier doorbrengt tot het gaatje moeten gaan om zijn plezier in het leven te delen. Want het idee dat je hond een mensenleven lang je kameraad zal zijn, is niet meer of minder dan een illusie. Er ligt grote schoonheid in deze wrede eerlijke waarheid besloten en in het feit dat je een hond je liefde geeft terwijl je je er continu van bewust bent dat de prijs in principe onverdraaglijk hoog is. Misschien is de liefde voor je hond een vorm van boetedoening voor alle andere illusies die jij en ik onszelf permitteren en voor de fouten die we op grond van die illusies onvermijdelijk maken.

In onze maatschappij is weinig plaats voor dood en rouw. Maar als je samenleeft met een oude hond, doordringt de anticipatie op rouw en verdriet je hele bestaan. Zo overspant de relatie met je hond een hele berg gevoelens; van weemoed en verdriet tot een intens geluksgevoel omdat je leeft. Het doet pijn om de aftakeling van je geliefde dier aan te zien; tegelijkertijd is deze periode kostbaarder dan welke andere tijd ook. Hoe hechter de band met je hond was hoe dieper je rouwt. Dat is de prijs die je voor deze liefde betaalt.

Er bestaat een verhaal over Boeddha en een vrouw wier zoon was overleden. Ze vroeg Boeddha haar te helpen om over haar verdriet heen te komen. 'Mijn zoon is gestorven,' zei ze. 'Maak hem alsjeblieft weer levend.'

Boeddha beloofde dat hij dat zou doen. Bij de gedachte dat ze haar zoon binnenkort weer terug zou krijgen, werd het verdriet van de vrouw al minder heftig.

'Maar er is iets wat je eerst moet doen,' zei Boeddha. 'Breng me drie stenen. Ze moeten stuk voor stuk afkomstig zijn van personen of families die nog nooit een verlies hebben geleden.'

De vrouw ging op zoek naar drie mensen die aan deze voorwaarde voldeden en haar dus een steen konden geven. Het duurde heel lang voor ze terugkeerde naar Boeddha. Ze kwam met lege handen.

'Ik heb niemand kunnen vinden die me een steen kon geven,' zei ze.

'En wat heb je daarvan geleerd?' vroeg Boeddha.

'Ik heb geleerd dat we allemaal lijden en ooit iemand of iets verliezen van wie of waarvan we houden.'

Als een hond sterft, is dat een vreselijke ervaring en van de buitenwacht valt weinig troost te verwachten. Dat je diep kunt rouwen om een dier wordt vaak nog niet onderkend, laat staan gerespecteerd. Als we een mens verliezen, mogen we openlijk verdriet hebben; zij het een beperkte periode. Maar wie een hond verliest, moet dat in alle stilte verwerken, alsof er eigenlijk niets gebeurd is.

Alleen is het zo dat als je je verdriet verhult of zelfs niet wilt voelen, je meestal ook geen spontane blijdschap of vrolijkheid kunt ervaren. Onze emoties zijn met elkaar verweven. Wie het ene niet intensief doormaakt, zal ook het andere niet zo sterk voelen. Licht en schaduw horen bij elkaar en maken deel uit van een groter geheel.

De rouw om een geliefde is een heilige tijd in ons leven; en een belangrijke tijd. De Zwitserse arts Elisabeth Kübler-Ross wordt beschouwd als pionier in het destijds nieuwe onderzoeksveld van stervensbegeleiding en rouwverwerking. In de jaren zestig van de vorige eeuw begon ze de psychologie te onderzoeken van mensen die een verlies hadden geleden. Ze kwam tot de conclusie dat alle mensen die rouwen een aantal opeenvolgende voorspelbare fases doormaken.[54]

Het begint met een schok. De wereld wordt alleen nog als door een mist waargenomen. Toen Anna op haar tweeënzestigste haar man verloor na een langdurige ziekte was dat een schok voor haar, maar ze kon wonderbaarlijk goed met het verlies omgaan. Lulu, haar poedeltje, hielp haar daar enorm bij en was haar grote troost. In de loop van de daaropvolgende drie jaar nam Lulu meer en meer de rol van de overleden echtgenoot over en werd ze Anna's alles. Toen ging Lulu dood. Deze keer werd Anna overmand door verdriet en moest ze in het ziekenhuis worden opgenomen wegens ernstige hartklachten. Dat ze zo hevig verdrietig was over de dood van haar hond, stuitte op onbegrip van haar familie. Dus speelde Anna naar buiten toe de moedige vrouw, maar maakte ze van haar huis een herinneringsaltaar voor Lulu. Ze had zorgvuldig overal foto's en speelgoed van de dode hond geplaatst en Lulu's as in een urn op de schoorsteenmantel gezet. Pas met behulp van psychotherapie lukte het haar tot de diepere oorzaken door te dringen. Anna had nog nooit een rouwproces volledig doorlopen, noch na de dood van haar man, noch na de dood van haar hond. Bovendien voelde ze zich enorm schuldig omdat Lulu's dood haar meer aan het hart ging dan het overlijden van haar man. In de loop van de therapie bleek dat Anna op jonge leeftijd een miskraam had gehad en dat ze ook nooit echt gerouwd had om het verlies van dit kind. Ze had dus al twee sterfgevallen meegemaakt die haar diep raakten, maar het verlies van haar hond maakte pas al haar emoties los. Het duurde lang voor Anna met behulp van haar therapeut in staat was alle onderdrukte gevoelens te verwerken. Tegenwoordig heeft ze twee katten.

Rouw is niets onnatuurlijks. Het is een heel normale reactie op een overweldigend groot verlies, ook als het 'maar' een hond betreft. Onze honden worden in de loop van hun leven een beetje onderdeel van onszelf. Als ze doodgaan, is deze levensfase voorbij. Waarschijnlijk zullen we in ons leven meer honden verliezen dan echtgenoten of kinderen, vandaar dat we met onze dieren vaker de verschillende rouwfasen moeten doormaken. Elke keer als je weer rouw verwerkt en verdriet overwint, word je een stukje ouder en wijzer en kun je terugblikken op nog meer herinneringen. Pijn en ervaring zijn fundamenteel voor de persoonlijke groei van een mens.

Verlies betekent niet dat je iets kwijtraakt, verdrietig bent en vervolgens terugkeert naar de vroegere status quo. Je zult misschien nooit meer dezelfde zijn. En juist daarom is rouwen geen tijdverspilling. Vaak gebeurt er veel meer met ons dan het verdriet dat we zien en voelen. Het leven transformeert ons; gedurende, door en vanwege ons verdriet. Dingen die we liever helemaal niet willen doormaken, zijn vaak juist de ervaringen die ons het sterkst veranderen. Maar je kunt gerust vertrouwen op de loop der dingen. Als het verdriet je hart verscheurt, ben je als was in de handen van het leven. Liefde verandert mensen. Jij en ik moeten de pijn van het verlies ervaren, want als we die nooit zouden voelen, zouden we geen begrip en mededogen ontwikkelen jegens anderen. We zouden arrogante, egocentrische en verwrongen karakters worden. De vreselijke pijn van verlies brengt onze hoogmoedige soort nederigheid bij en heeft de macht om ongevoelige harten te verzachten. Want we zijn nooit zo sterk en vol liefde als op de momenten dat we extreem kwetsbaar zijn.

Na de eerste schok volgt volgens Kübler-Ross de tweede te voorspellen rouwfase, namelijk het ongeloof, de ontkenning. Je kunt je niet voorstellen dat je hond er niet meer is. Zo beschermt de menselijke psyche zichzelf. Milde hallucinaties zijn in deze fase niet ongewoon. Ik hoorde Lady over de vloer trippelen en rook haar natte vacht, een geur waar ik veel van hield, en ik hoorde dat ze zich schudde. Logica is het laatste wat je emoties en gedachten beïnvloedt. Zouden jij of ik er niet alles voor overhebben om zo'n heftig verdriet te stoppen? Dus waarom niet weer gaan bidden? Als God ziet hoe serieus je het meent, kan Hij dan misschien met de hand over het hart strijken en een klein wonder verrichten? Wonderen gebeuren. Dat hebben we geleerd. Overal ter wereld is het onmogelijke mogelijk geworden. Waarom dan niet ook in dit geval, nu je zoveel verdriet hebt? En zo storten we ons op het kleinste sprankje hoop en in allerlei fantasieën. Vooral als je de dood van je hond niet echt hebt kunnen meemaken, omdat hij bijvoorbeeld plotseling verdwenen was. Je hoort altijd dat dieren jaren later toch weer opduiken. Dat zou met jouw hond toch ook kunnen?

Marga, wier hond Paultje op een dag wegliep en nooit meer terugkwam, probeerde het met onderhandelen; dat is de volgende fase van rouw. 'Ik had de krankzinnige hoop dat hij op wonderbaarlijke wijze nog springlevend en gezond was. Dus bad ik: "Alstublieft God, als Paultje heelhuids thuiskomt, zal ik echt, echt veel beter voor hem zorgen. Dan ga ik vaker met hem wandelen..."'

Er komt een punt dat we de hoop opgeven en de pijn en wanhoop in volle hevigheid voelen. Nu begint de realiteit door te dringen. Woede en schuldgevoel slaan toe, wat we op iedereen afreageren. Op onszelf; wat heb ik verkeerd gedaan? Op de dierenarts; waarom kon hij of zij de hond niet helpen? Zelfs op God; waarom moest nou juist mijn hond doodgaan, die een en al liefde was, terwijl overal op de wereld moordenaars levend en wel rondlopen? En op de dode hond; waarom moest hij de straat op rennen, hoewel hij het commando blijf had gekregen? Of, waarom laat hij me nu alleen? Hij had door moeten vechten!

Ik weet het: je slaat in het wilde weg om je heen, zelfs degenen die willen helpen, moeten het ontgelden. Een goedbedoelde maar niet erg fijngevoelige uitspraak als: 'Dan koop je toch een nieuwe hond', maakt je furieus. Ook al is het totaal niet kwaad bedoeld. Vaak voelen je vrienden zich alleen maar hulpeloos als ze geconfronteerd worden met jouw intense verdriet, dat ze niet eens begrijpen.

Maar de woede die je ervaart, is een teken van de diepgevoelde liefde voor je overleden dier. Hij laat bovendien zien dat je vooruitgang boekt, omdat je nu gevoelens toelaat die je aanvankelijk hebt onderdrukt. Woede gaat vaak gepaard met schuldgevoel, een normale reactie op verwaarloosde plichten.

Als je de verantwoordelijkheid voor een dier op je neemt, ligt daarin de belofte besloten dat je er altijd voor hem zult zijn en voor hem zult zorgen. Wat niet in deze planning zit, is de dood. Als die komt, heb je het verpletterende gevoel dat je algeheel tekortgeschoten bent. Je piekert je suf over hoe het had kunnen lopen als je dit of dat nou toch maar anders had gedaan. In feite had je een goddelijke rol op je genomen jegens je hond en die heb je niet kunnen vervullen. Al je liefde was niet genoeg om het universum onder de duim te houden.

Sally was een oude stokdove retriever. Ze was de oogappel van het hele gezin, bracht haar levensavond door op de familieboerderij en lag meestal op het erf te slapen in de zon. Op een dag werd ze door haar baasje, boer Karl, met de tractor overreden. Ze was op een slecht zichtbare plek achter de wielen gaan liggen en had niet gehoord dat de motor startte. Karl was ontroostbaar. 'Was ik nou voor de zekerheid maar even van de trekker af gestapt en had ik het erf nog maar een keer goed gecontroleerd.'

Christa's hond Sandy liep altijd braaf en onaangelijnd naast haar, ook door de stad. 'Ze hoort alles', was Christa's vaste overtuiging. Op een dag stak een kat vlak voor Sandy de straat over en heel even vergat de hond haar perfecte gehoorzaamheid. Ze kwam onder een auto en overleed. Haar vrouwtje kwelde zichzelf met schuldgevoelens. 'Had ik haar toch maar aan de riem gehouden!'

Dingen gebeuren. We zijn maar gewone mensen, geen goden. We hebben niet alles onder controle en moeten accepteren dat we fouten maken.

Je geweten knaagt vooral heftig aan je als je een dier hebt moeten laten inslapen. Had het niet toch nog kunnen wachten? Of was het juist al te laat en heeft je hond te lang moeten lijden?

Schuldgevoelens. Ze zijn er. Vaak ten onrechte en soms ook terecht. Maar hoe lang wil je ze blijven koesteren? Op een gegeven moment moet je diep in jezelf keren en beginnen met houden van wat je daar aantreft. Je moet jezelf vergeven. De herinnering aan wat er gebeurd is zal je altijd bijblijven, maar dat geldt net zo goed voor de liefde en de mooie ervaringen die je met je dierbare hond hebt beleefd. Als ons dier een oordeel over ons moest uitspreken, dan had het ons waarschijnlijk al lang geleden vergeven.

Elisabeth Kübler-Ross ziet een nauw verband tussen schuldgevoelens en tijd. 'Omdat schuldgevoel altijd afkomstig is uit het verleden, houdt het datgene wat voorbij is ook in leven. Het is een manier om de realiteit van het hier en nu niet onder ogen te hoeven zien. Het plaatst het verleden in de toekomst. Alleen als je je schuld loslaat, laat je ook echt je verleden los, om een nieuwe toekomst te beginnen.'[55]

'Geen tijdelijke schuld, hoe zwaar ook, kan een eeuwige straf tot gevolg hebben', heeft Boeddha ooit gezegd. Toch lijkt schuldgevoel een eeuwigheid te duren. Juist als je je af en toe weer een beetje blij begint te voelen, druk je dat de kop in, omdat je denkt dat je geen geluk meer verdient. Er is moed voor nodig om jezelf te vergeven.

Onze honden hebben van ons gehouden, ondanks al onze fouten. Ze hebben het goede in ons gezien. Nu is het moment gekomen dat we het goede weer zelfstandig in onszelf moeten zoeken en vinden. Laten we dus weer de prachtmens worden die ons dier in ons zag.

Op de storm van emoties volgt ten slotte de stille periode van depressie. Je kunt je niet voortellen dat je ooit weer blij zult zijn. Depressie is een reëel gevaar voor je gezondheid. Als mensen een grote emotionele belasting ervaren – waar de dood van een hond net zo goed bij hoort als het verlies van een geliefd familielid – kunnen ze zelfs sterven aan een gebroken hart. Het gebrokenhartsyndroom is een aandoening die meestal voorkomt na een periode met veel stress en wordt door de Japanners het takotsubosyndroom genoemd. Het is een zeldzame afwijking van de hartspier, die bij deze aandoening verkrampt en zich tijdelijk sterk vernauwt. De symptomen lijken op een hartinfarct en kunnen zo heftig zijn dat ze de dood tot gevolg hebben.

Ikzelf heb het fenomeen van een 'gebroken hart' kunnen waarnemen bij wolven. Een leiderwolvenpaar blijft normaal gesproken een leven lang samen. Ik observeerde ooit een roedel waarvan de leidwolvin doodging; enkele dagen daarna stierf heel onverwachts ook haar partner. Hij werd op slechts een paar meter afstand van haar lichaam gevonden en had geen zichtbare verwondingen. Uit het medisch onderzoek dat hierop volgde, bleek de doodsoorzaak bij de mannetjeswolf hartfalen te zijn.

Toch kan depressiviteit een eerste stap zijn uit de rouwperiode, omdat ze je ertoe brengt de werkelijkheid te accepteren. Dan is het ergste voorbij. Voor het eerst sinds de dood van je viervoetige vriend kun je met het idee spelen dat je verdriet ooit voorbij zal zijn en zie je misschien een klein lichtpuntje aan het einde van de tunnel.

Lady was al een aantal weken dood. Af en toe leek het verdriet weg te ebben en verloren te gaan in het alledaagse leven. Toen gebeurde het: ik reed naar het stadscentrum om een paar boodschappen te doen en zag een dode eekhoorn op de weg liggen. De auto's reden eromheen, niemand trok zich er iets van aan. Ik stopte, zette mijn auto langs de weg, pakte het beestje op en droeg het tot onder een boom. Het lichaam was nog warm en zacht. Uit de neus kwam een beetje helderrood bloed. Waarschijnlijk was het dier nog maar net overreden. Ik vlijde het neer op een bedje van bladeren, dekte het toe met nog meer bladeren en stuurde het met een kort gebed naar de eekhoornhemel. Toen ik terugliep naar mijn auto, moest ik aan Lady denken, die zo hartstochtelijk graag kijvende eekhoorns de bomen in had gejaagd. Ik vroeg me af of ze dat nu ook deed; waar ze ook mocht zijn. Op de terugweg reed ik langs onze lievelingsweide waar we vooral de laatste twee jaar, toen ze niet meer zo ver kon lopen, korte wandelingen hadden gemaakt. Ik zette de auto stil en dacht terug aan de warmte van haar levenloze lichaam en aan de tijd dat ze – al een beetje stijver in de poten – over het weiland holde en uitvoerig snuffelend de nieuwste geuren onderzocht. De golf van pijn trof me als een harde stomp in mijn maag. Ik kon niet meer stoppen met huilen en voelde me verschrikkelijk eenzaam. Het duurde een hele tijd tot mijn verdriet wegebde en de fijne herinneringen weer de overhand kregen.

Er komt een moment dat je totaal uitgeput bent door je constante verdriet, het vechten, de wil om te veranderen wat je niet meer kunt veranderen. Je geeft het op en laat los. Pas dan kan het genezingsproces beginnen.

Heel geleidelijk begon ik me weer te oriënteren op de buitenwereld. Het verdriet was niet meer zo intens, hoewel mijn stemmingswisselingen bleven. Soms sliep ik hele nachten door en ik kreeg weer trek in voedsel. Mijn lichaam kwam weer in balans. Dat gebeurde niet van de ene op de andere dag. Soms ging ik zelfs voor mijn plezier de deur uit, maar dan barstte ik weer in tranen uit zodra ik de hond van de buren zag. Toen ik na een lange verdrietige periode voor het eerst weer meeneuriede met een liedje op de radio, schrok ik er zelf van. Waar kwam die stem vandaan? Mocht ik eigenlijk wel weer zingen?

Elisabeth Kübler-Ross ziet deze laatste rouwfase als een tijd van innerlijke groei en genezing. In deze periode kunnen we het verdriet loslaten zonder de herinnering ontrouw te worden.

We zullen doorgaan met leven en weer van een ander levend wezen houden, maar het verlies zullen we voor altijd meedragen in ons hart.

De tijd heelt alle wonden, zegt men. Maar het klopt niet helemaal, want sommige wonden blijven altijd schrijnen en laten pijnlijke littekens achter. Daar moeten we mee leren leven en er prachtige herinneringen uit scheppen. Dat is de beste manier om onze gestorven viervoeters te eren. Met het verstrijken van de tijd houden we niet minder van ze, maar worden we wel minder beheerst door hun dood. We leren het verdriet los te laten en de herinneringen vast te houden. Dit proces zal ons veranderen. Het leven met onze hond heeft ons verrijkt. Nu moeten we hem eer betonen door alles uit ons leven te halen wat erin zit en een beter mens te worden.

Ik wil je nog twee bijzondere rouwverhalen vertellen die de harten van de mensen hebben geraakt. Het eerste relaas gaat over een hond die zijn dode baasje niet kon vergeten.

Je leest nogal eens zulke verhalen; over rouwende honden die niet van de zijde van hun overleden menselijke of dierlijke metgezel wijken. De bekendste geschiedenis werd in aangepaste vorm verfilmd met Richard Gere in de hoofdrol en heeft miljoenen mensen tot tranen toe geroerd: *Hachiko.*

Hachiko, die oorspronkelijk Hachi heette, werd in november 1923 geboren op een boerderij in het noorden van Japan. Hij was een raszuivere akita, een oud Japans hondenras. Zijn eigenaar, Hidesaburo Ueno, was hoogleraar landbouwwetenschappen aan de universiteit van Tokio. De kinderloze academicus was altijd uitgebreid met Hachiko bezig, praatte met hem en speelde met hem. Hachiko groeide op tot een sterke akita met een schofthoogte van ruim zestig centimeter. Hij woog ruim veertig kilo. Hij had een dikke roomkleurig lichtgele vacht, een krulstaart en staande oren. Hachiko liep elke ochtend een stukje met Ueno mee naar diens werk, meestal naar het tamelijk nabijgelegen treinstation Shibuya. Daar haalde de hond hem 's avonds ook weer op; in weer en wind én bij zonneschijn.

Ook op 21 mei 1925 wachtte Hachiko op Ueno's terugkeer. Maar die avond stapte de professor niet uit de trein. Hij had terwijl hij een hoorcollege gaf een hersenbloeding gekregen en was overleden.

Hachiko bleef uiterlijk onverstoorbaar bij het station op zijn dode baasje wachten, elke dag op hetzelfde tijdstip; tien jaar lang. Hij werd beroemd en er werd zelfs een monument voor hem opgericht, een groot bronzen beeld. Toen Hachiko stierf, verzamelden duizenden mensen zich rond het treinstation en versierden ze het stationsplein met bloemen. Een boeddhistische monnik sprak een gebed uit voor de hond. Tegenwoordig is Hachiko's geprepareerde lichaam te zien in het nationaal museum voor natuur en wetenschap in Tokio. De Japanners beschouwen hem als een symbool van trouw en solidariteit.

Mijn tweede verhaal gaat over het verdriet van een kind en de reactie daarop van een sympathieke onbekende. In oktober 2006 werd in het Texaanse tijdschrift *San Antonio Express-News* een ingezonden brief gepubliceerd, die later in andere kranten werd overgenomen. Het gaat om een waargebeurd verhaal.[56]

Joy Scrivener uit San Antonio schreef:

'Onze veertien jaar oude hond Abbey is vorige maand gestorven. De dag na haar dood had mijn dochter van vier, Meredith, een grote huilbui. Ze zei dat ze Abbey vreselijk miste. Ze vroeg of we een brief aan God konden schrijven, zodat hij onze hond zou herkennen zodra ze in de hemel aankwam.

Zij dicteerde en ik schreef:

Lieve God,

Wilt u alstublieft heel goed voor mijn hond Abbey zorgen? Ze is gisteren doodgegaan en is nu bij u in de hemel. We missen haar erg. We zijn blij dat u haar aan ons hebt toevertrouwd toen ze al een oude hond was, ook al is ze ziek geworden. Ik hoop dat u met haar speelt. Voor ze ziek werd, speelde ze graag met ballen en hield ze veel van zwemmen. Ik stuur u een paar foto's van haar. Dan weet u, zodra u haar ziet in de hemel, dat ze onze heel speciale hond is. Maar ik mis haar echt.

Liefs,

Meredith Claire

PS Mama heeft de woorden precies opgeschreven zoals Mer het heeft gezegd.

We hebben de brief samen met twee foto's van Abbey in een envelop gestopt en die aan "God in de hemel" geadresseerd. Daarna heeft Mer een paar postzegels op de envelop geplakt. (Het kon volgens haar best zo zijn dat je heel veel postzegels nodig hebt om een brief helemaal naar de hemel te sturen.) Vanmiddag hebben zij en ik samen de envelop in de brievenbus van het postkantoor in Brook Hollow gestopt.

Een paar dagen lang vroeg ze of God de brief al zou hebben gekregen. Ik zei tegen haar dat ik dacht van wel. Gisteren op Labor Day hebben we met de kinderen een uitstapje gemaakt naar het natuurhistorisch museum in Austin. Toen we terugkwamen, lag op onze veranda een pakje in goudpapier. Ik bekeek het nieuwsgierig. Op een goudkleurige kaart met sterren op de voorkant stond in onbekend handschrift: "Voor Mer."

Meredith pakte het van me aan en maakte het open. In het pakje zat een boek: *When a Pet Dies* (als een huisdier doodgaat) van Fred Rogers. Tussen het boekomslag en de eerste pagina zat de brief die we aan God hadden geschreven. Hij was opengemaakt en er zat een stempel op met de tekst: retour afzender. Achter in het boekje was op het omslag een van de foto's van Abbey geplakt die we meegestuurd hadden. Erboven was "Voor Meredith" geschreven. Toen we de kaart omdraaiden was daar de tweede foto van Abbey plus een handgeschreven briefje op roze papier:

Lieve Mer!
Je zult vast blij zijn om te weten dat Abbey veilig en wel in de hemel is aangekomen. De foto's die je me gestuurd hebt, hebben enorm goed geholpen. Ik herkende Abbey meteen.

Weet je, Meredith, ze is nu niet ziek meer. Haar geest is hier bij mij en die is jong; Abbey rent en speelt weer, precies zoals ze dat ook in jouw hart doet. Abbey vond het heel fijn om jouw hond te zijn, echt waar! Hier in de hemel hebben we ons lichaam niet meer nodig, daarom heb ik geen kleding met zakken erin. Dus kan ik jouw prachtige brief niet bij me houden en stuur ik hem naar je terug met de foto's, zodat jij je Abbey altijd zult herinneren als je in dit boek kijkt.

Een van mijn engelen zorgt dat je mijn pakket krijgt. Ik hoop dat het boekje je helpt.

Dank je wel voor de mooie brief. En ik wil ook je moeder bedanken, omdat ze hem op papier heeft gezet. Wat heb jij een lieve moeder, zeg! Maar ik heb haar dan ook speciaal voor je uitgekozen.

Ik zegen jou elke dag opnieuw. Vergeet nooit dat ik heel veel van je hou. Trouwens, ik ben in de hemel én overal waar liefde is.

Veel liefs,

God en de speciale engel die dit heeft opgeschreven, zoals God hem de woorden heeft ingefluisterd.'

LIEFDE HOUDT NOOIT OP

Iedereen die van iemand houdt, weet dat liefde niet eindigt met de dood. We hebben onze herinneringen en proberen die vast te houden. We bezoeken begraafplaatsen, zetten urnen of foto's op een speciale plek op een boekenplank of in de kast. Soms richten we grote monumenten op zoals de Taj Mahal in India, een mausoleum dat een grootmogol liet bouwen ter nagedachtenis aan zijn overleden grote liefde.

In oktober 2001 vloog ik naar de vs om een kunstenaar te interviewen die een heel bijzonder gedenkteken voor zijn overleden honden had opgericht.

Het was een koude herfstdag toen ik in Vermont arriveerde. De bomen hadden hun bonte bladerpracht al laten vallen. Ik reed door St. Johnsbury en zocht naar de beroemdste attractie van dit stadje.

Aan het einde van een wijkje aan de stadrand rees een heuvel op met op de top een klein wit New England-kerkje. De kerktoren tekende zich trots af tegen de blauwe lucht. Op de torenspits draaide niet de gebruikelijke engelenfiguur rond als windwijzer, maar een zwarte labrador met vleugels. Voor het kerkgebouwtje stond een wit houten bord met vier gebeeldhouwde labradors en de tekst *Alle religies en alle rassen zijn welkom. Dogma's zijn verboden*, die de enige regel aangaf die hier van kracht was.

Naast de kapel stond een grote witte boerderij in typische New England-stijl, waarin een galerie was gevestigd. Hier had ik een afspraak voor een interview met een van de origineelste kunstenaars van Amerika: Stephen Huneck.

Om het huis in te kunnen moest ik over een weldoorvoede zwarte labrador heen stappen, die onmiddellijk zijn buik naar me toe draaide om zich uitgebreid te laten aaien. In de studio werd ik begroet door Gwen, Hunecks vrouw, die me langs een verzameling van de gekste en fantasierijkste kunstvoorwerpen leidde die ik ooit had gezien. Stoelen met een opspringende vis als rugleuning, een salontafel die door vier gebeeldhouwde labradors werd gedragen, een tafellamp met als voet een opzittende teckel en een zitbank geflankeerd door twee gebeeldhouwde dalmatiërs, die als poten én als armleuningen fungeerden. Het Amerikaanse lifestylemagazine *Home & Garden* had deze kunstwerken onlangs bestempeld als 'de opvallende, succesvolle idioterieën van Stephen Huneck'.

Een luid geronk kondigde de komst van de kunstenaar aan, wiens zware Hummer grommend heuvelopwaarts zwoegde en daarbij diepe voren in de onverharde weg achterliet. Hij stopte bij het boerenhuis en een golden retriever – aanzienlijk slanker dan de labrador – sprong uit de auto. De stevig gebouwde donkerharige man begroette me hartelijk en nodigde me uit voor een rondleiding per luxe fourwheeldrive. Na een korte onstuimige rit dwars over het ruige terrein bereikten we de top van Dog Mountain, zoals Huneck zijn berg had genoemd, waar je kon uitkijken over de hele omgeving. Hier had hij nog een monument voor zijn hond opgericht: een gebeeldhouwde labrador met vleugels, die op een marmeren zuil balanceerde.

Toen vertelde de kunstenaar me zijn levensverhaal en de geschiedenis achter de hondenkapel.

Huneck was de oudste van zeven kinderen en wilde dolgraag een hond hebben, maar hij kreeg er geen. 'We waren arm en konden ons geen hond veroorloven,' zei hij. 'Op mijn zeventiende ging ik het huis uit. Ik wilde hippie worden. Toen kwam Shirley bij me aanlopen, mijn hippie-bastaard.'

Shirley de hond werd zijn 'zakenpartner'. Na zijn studie aan de kunstacademie ging hij met haar van deur tot deur om antiek te verzamelen of gewoon 'oude rotzooi', zoals hij het gniffelend uitdrukte. Hij repareerde oude meubels en maakte zijn eigen houtsculpturen. Op een koude winterdag in 1984 vervoerde hij een van zijn houten engelen achter in zijn open bestelwagen naar de stad toen hij merkte dat een man naar het laadbed van zijn auto staarde. Hij bleek een belangrijke kunsthandelaar te zijn die een galerie had aan Madison Avenue in New York. Dit was het begin van een nieuwe carrière voor Huneck. Als eerste werk beeldhouwde hij een dalmatiërpup.

Halverwege de jaren negentig kon je Hunecks kunstwerken aantreffen in dure galerieën en zelfs in musea verspreid over heel Amerika. Maar zijn roem had nog steeds de massa niet bereikt; tot er een gedenkwaardig ongeluk gebeurde.

In 1995 viel Huneck van een trap terwijl hij een zestig kilo wegende hondensculptuur versjouwde. De kunstenaar brak hierbij meerdere ribben. 'Daarna liep ik in het ziekenhuis een zeldzame virusinfectie op die vaak een dodelijke afloop heeft en die mijn longen aantastte. Ik heb twee maanden in coma gelegen; volgens de artsen was er weinig kans dat ik het zou overleven. Mijn vrouw weigerde te geloven dat ik het niet zou halen. Ze zat dag en nacht bij mijn bed. Op een avond zeiden de artsen tegen haar dat ze verwachtten dat ik diezelfde nacht nog zou sterven.'

Huneck was inderdaad vijf minuten lang klinisch dood en in die tijd had hij een bijna-doodervaring. Twee weken later ontwaakte hij tot grote verrassing van de artsen uit zijn coma.

'Ik was vijfenveertig en moest opnieuw leren lopen. In het revalidatiecentrum kwamen vaak hulphonden op bezoek. Ze hebben heel, heel veel bijgedragen aan mijn herstel. Het is ongelooflijk hoe spiritueel honden kunnen zijn. Ze hebben een kracht in zich waarvan maar weinig mensen enig idee hebben.'

Op de lange weg naar herstel begon Huneck houtsneden met de beeltenis van zijn zwarte labrador Sally te maken en verschillende boeken te schrijven. Hij illustreerde elk boek met houtsnedeafdrukken.

'In de periode na mijn herstel heb ik veel nagedacht over leven en dood. Ik heb stilgestaan bij de rituelen die we uitvoeren als iemand overlijdt. We gooien een handvol stof en aarde op de kist om te symboliseren dat de overledene zelf tot stof weerkeert. Dit helpt de nabestaanden hun verlies te verwerken. En omdat honden ook familieleden zijn, leek het me een geweldig idee een ruimte voor afscheidsrituelen te scheppen om de pijn te verzachten als we een geliefde hond verliezen.'

Aan de voet van de heuvel bevinden zich de kapel, de galerie en het woonhuis van Stephen Huneck. Daartussen is een meertje waarin een stel honden uitgelaten rond spettert terwijl de eigenaars erbij staan en de dieren glimlachend gadeslaan.

Huneck kijkt me van opzij aan en zegt: 'Jij hebt ook een hond, hè? Ik zie het aan hoe je kijkt.'

'Mijn labrador Lady is in Duitsland en ik mis haar vreselijk.'

'Dan zal het je hier zeker bevallen,' zegt Huneck. Terwijl we teruglopen naar de auto vertelt hij verder. 'Het staat me nog heel helder voor de geest, het gebeurde toen ik begon met mijn revalidatie. Ik liep met een stok, omdat ik nauwelijks nog spierkracht had en ik strompelde moeizaam van het ene vertrek naar het andere. Plotseling kreeg ik een ingeving: bouw een hondenkapel. Aanvankelijk was ik helemaal in vervoering. Toen bedacht ik hoeveel geld mijn medische behandeling opslurpte. Van wat er overbleef zou ik hooguit een bescheiden hondenhok kunnen bouwen.'

Maar de gedachte liet hem niet los. Uiteindelijk, in 2000, besloot hij samen met zijn vrouw een kapel te bouwen die een symbool moest worden van de spirituele band die het echtpaar had met hun honden. Een kerkje, een klein heiligdom dat voor honden en mensen toegankelijk moest zijn. Hij bouwde de kapel op het terrein van zijn boerderij in St. Johnsbury, in de stijl van een dorpskerkje in Vermont dat dateert uit de periode rond 1820.

Eerbiedig ging ik het gebouw binnen. Achter de toegangsdeur (waarin een groot hondenluik was geïnstalleerd) was een vertrek waar de muren van boven tot onder volgeplakt waren met hondenfoto's en post-its en brieven en kaarten met gebeden erop. Het had iets weg van een Beierse bedevaartkapel. Zowel uit de hondenfoto's met geboorte- en sterfdata als uit de briefjes van bezoekers waarop ze geschreven hadden hoeveel hun dier voor hen betekende, bleek overduidelijk dat hier namens en voor honden werd gebeden en dankgebeden werden opgezegd, in stilte of hardop.

'Duke, we missen dat niezen van je als we je over je buik aaiden.'

Onder een tekening van een teckel staat geschreven: 'Ik mis je, Frank, je bent zestien jaar lang mijn eigen kleine "hotdog" geweest. Bedankt voor al het geluk dat je me hebt gebracht.'

Ik was omringd door liefdesverklaringen. Ik las een aantal briefjes en kaarten. Ze zeggen allemaal hetzelfde: 'Dank je wel. Ik hou van je. Ik mis je.' Ik voelde het verdriet van de mensen en tegelijkertijd hun intense verbondenheid met hun honden. Plotseling verlangde ik weer hevig naar Lady.

Op twee wereldkaarten was met gekleurde speldenkoppen aangegeven uit welke landen de bezoekers van Dog Mountain afkomstig waren. Alle continenten en landen waren vertegenwoordigd, inclusief Saudi-Arabië en Tanzania. Ik voegde er een speld met een rode kop aan toe voor Duitsland.

Midden in het voorvertrek stond de mij inmiddels vertrouwde gebeeldhouwde labrador-engel op een sokkel. Ik liep verder naar de eigenlijke kapelruimte en werd meteen omgeven door gekleurd licht dat door de gebrandschilderde ramen viel. Op het glas waren afbeeldingen van honden geschilderd, die geaaid werden door mensenhanden, van honden die aan een ijsbolletje likten of met de tong uit de bek de toeschouwers aankeken. De vier kerkbanken werden door zittende, uit hout gesneden honden geflankeerd. Er was zelfs een deurknop in de vorm van een hondenkop, waarbij in de meubelplaat *alle schepselen welkom* was gegraveerd; deze deur was in feite een groot hondenluik.

In het koorgedeelte van de kapel waakten gebeeldhouwde labradors; ze waren op tapijten geplaatst met motieven van teckels, mopshonden en labradors.

Voor Stephen Huneck was deze kapel het grootste en persoonlijkste van al zijn kunstwerken. 'Het is een plaats waar mensen hun spirituele verbondenheid met hun honden kunnen vieren.'

Toch is de Dog Chapel geen echte kerk in traditionele zin. 'We mogen hier geen kerkdienst houden,' benadrukt de kunstenaar. 'Maar we organiseren verschillende weekenden per jaar speciale evenementen waarbij dieren worden gezegend en geëerd.'

En natuurlijk zijn honden niet alleen overal toegestaan, maar zijn ze uitdrukkelijk gewenst.

'Helaas leven honden niet zo lang als wij. Ik heb een hond moeten laten inslapen waarmee ik veertien jaar had samengeleefd. Ik ging er bijna aan onderdoor,' vertelde de kunstenaar. 'Ik wilde iets bouwen waar mensen afscheid kunnen nemen, maar waar ze tegelijkertijd ook zo veel mogelijk plezier met hun honden kunnen hebben.'

Daarom heeft hij wandelpaden en een behendigheidsparcours aangelegd, evenals zwemvijvers waarin honden heerlijk kunnen poedelen. In de winter komen bezoekers met hun dieren hier sneeuwwandelen en genieten van de ongerepte natuur.

'Honden brengen ons dichter bij de natuur. Ze helpen ons in het moment te leven en ons onvoorwaardelijk geliefd te voelen. Ze geven ons zoveel en vragen er zo weinig voor terug.'

De hondenbezitters zijn de kunstenaar dankbaar. Ze komen naar Dog Mountain met hun teckels, doggen, herdershonden en poedels; ze zitten in de kapel waarvan de deuren nooit op slot zijn; ze wandelen op het uitgestrekte terrein dat bij de boerderij hoort en lopen Hunecks galerie binnen. Er is hier nog nooit iemand gebeten, evenmin is er ooit een vechtpartij tussen honden onderling geweest, vertelt Gwen, de vrouw van Stephen me. Misschien heeft de harmonie van deze plek ook een uitwerking op de dieren.

Stephen Huneck had in de VS een cultstatus vanwege zijn sculpturen en houtsneden, die bij veel toeschouwers een glimlach uitlokken. Hij bezat galerieën op plaatsen waar de rijkste topsterren wonen, zoals Santa Fe en Key West. Arnold Schwarzenegger, Maria Shriver en Sandra Bullock hoorden tot zijn klantenkring. Enkele van zijn sculpturen staan in het Smithsonian Institute.

Toen vertelde Stephen me over Bill Clinton, die twee weken nadat hij zijn relatie met Monica Lewinsky publiekelijk had toegegeven een verrassingsbezoek aan Hunecks galerie bracht. Clintons favoriete houtsnede was die van een hond die zijn eigen onderbuik likt, getiteld *Because They Can.*

Huneck had uitzonderlijk veel succes met zijn boeken met houtsneden van Sally, zijn geliefde zwarte labrador. Zijn eerste boek heette: *My Dog's Brain.* Het is een innemend portret van de dingen die het leven van een hond uitmaken: eten, slapen, zich krabben, ijsjes, liefde en nog veel meer. Het kinderboek *Sally Goes to the Beach* was een *New York Times*-bestseller in het jaar 2000.

Ongeacht alle succes bestaat er voor Stephen Huneck niets fijners dan naar zijn honden kijken. Toen hij bloedserieus over 'zijn beste viervoetige vrienden' praatte, wist ik dat hij dat meende. 'Als je iets wilt leren over een vrijgevige, onbekrompen geest of over hoe je eerst voor anderen zorgt en dan pas voor jezelf, als je wilt weten wat humor is of als je pure levensvreugde en onvoorwaardelijke liefde wilt ervaren, kijk dan naar je hond. Mijn kunst is alleen maar een expressie van wat ik elke dag leer.'

Ter afsluiting kocht ik nog Hunecks boek *The Dog Chapel*, en hij signeerde het voor me. Toen ik 's avonds het boek opensloeg, las ik op een van de laatste pagina's: 'De hemel is mensen die lachen en honden die spelen.' En: 'Ook jij kunt een kapel bouwen ter nagedachtenis aan je hond. En wel op een plek die altijd toegankelijk is; in je hart.'

Huneck geloofde in de helende kracht van honden, natuur, kunst en liefde. Hij hoopte dat hij met zijn werk anderen kon helpen. Helaas heeft hij zichzelf uiteindelijk niet kunnen helpen. Dog Mountain raakte in financiële problemen. De verkoop van kunstwerken en donaties brachten in totaal niet genoeg op om het salaris van de medewerkers te betalen. Stephen en Gwen moesten negentig procent van hun werknemers ontslaan. Huneck zat diep in de put en beroofde zich in januari 2010 van het leven. Misschien hoopte hij dat zijn kunstwerken meer waard zouden worden na zijn dood, zodat de inkomsten zouden stijgen. Gwen wilde Dog Mountain voortzetten om haar overleden man recht te doen. Maar ze kwam nooit over het verlies van Stephen heen en drie jaar later pleegde ook zij zelfmoord.

Dog Mountain wordt nu gefinancierd door de stichting Friends of Dog Mountain.[57] Elk jaar worden er hondenparty's en festivals georganiseerd, die honderden twee- en viervoetige gasten aantrekken.

Een kapel die onze spirituele verbondenheid met onze honden viert en die voor honden van alle rassen en mensen van alle religies openstaat; kan iemand een mooiere erfenis achterlaten dan dat?

Dog Mountain en de hondenkapel vormen een bijzondere herdenkingsplaats. We kunnen allemaal dit soort plaatsen creëren, het hoeven niet per se grote bouwwerken te zijn. Als ik uit mijn keuken de tuin in loop, zie ik de rode Japanse esdoorn achter het vijvertje. Die struik heb ik op het graf van Lady geplant. Zoals ik al verteld heb, moest ik mijn eerste eigen hond na zijn euthanasie achterlaten bij de dierenarts, omdat ik toen zelf niet de mogelijkheid had om hem ergens te begraven (dierencrematoria waren er toen nog niet). Daarom wilde ik dat Lady's laatste rustplaats bij mij in de tuin zou zijn, vlak bij mijn huis, dat ook haar thuis was. Ik wist dat ik als ik ooit mijn huis zou verkopen een skelet in de tuin van de nieuwe eigenaar zou achterlaten. Een vriendin van me is twee keer verhuisd en heeft elke keer haar honden opgegraven en op een nieuwe plek opnieuw begraven.

Toen het slechter ging met Lady, werd het tijd om voorbereidingen te treffen. Ik wilde haar erbij betrekken en liet haar zelf haar favoriete plek uitkiezen. Op een zonnige zomerdag ging ik met haar de tuin in. Het had geregend, de aarde was zacht. Lady ging in de zon liggen en keek toe hoe ik haar graf uitgroef. Ik wist dat ik daar na haar dood emotioneel niet onmiddellijk toe in staat zou zijn en ook lichamelijk niet als het in de winter zou gebeuren en de aarde stijf bevroren zou zijn. Ik groef een kuil die aan alle wettelijke voorschriften voldeed die de Duitse staat stelt voor dierengraven: in de eigen tuin, niet in waterwingebied, niet langs een openbare weg of andere openbare ruimte en diep genoeg om het lijk met een laag aarde van minstens vijftig centimeter dik te bedekken. Ik legde planken op de bodem van het graf en schepte er aarde bovenop. Tot slot legde ik mijn mooiste verzameling kwartskristallen op de aarde in het graf. Lady hield me scherp in de gaten. 'En? Bevalt het je?' vroeg ik, terwijl ik mijn werkhandschoenen uittrok en de schop wegzette.

'Perfect! Maar eh... Je weet toch hopelijk dat het nergens voor nodig is, hè?' Ze trok een wenkbrauw op.

'Ja, weet ik. Het is alleen je lichaam. Ik doe het voor mezelf, zodat ik weet dat je bij me in de buurt bent.'

'Hé gekkie. Ik ben toch altijd bij je.' Ze knipperde met haar ogen in de zon en strekte zich uit om een dutje te doen.

Het mag sommigen van jullie harteloos lijken om nog voor de dood van je hond al haar graf te graven, en ik geef toe dat ik een beetje bang was voor een selffulfilling prophecy. Wat als ik door alvast haar graf te delven haar dood als het ware zou 'aantrekken'? Maar ik had te maken met de realiteit van een oude hond en een tikkende klok, die me niet veel tijd meer gaf. Alles wat ik nu mijn hond er nog was kon doen, zou me later het afscheid makkelijker maken.

Veel hondenbezitters willen er niet eens aan denken dat hun jonge gezonde hond ooit dood zou kunnen gaan. Maar als je je realiseert dat je dieren (en mensen) te allen tijde van je weggerukt kunnen worden, leidt dat vaak tot het diepe besef dat je nog meer van ze houdt dan eerst.

Herdenking en herdenkingsrituelen zijn er sinds een aantal jaar in steeds meer soorten en maten. Je kunt het laatste afscheid van je hond tegenwoordig vormgeven zoals dat met mensen (nog) niet kan. Ik heb Lady begraven in mijn eigen tuin, waar ook Shira ooit zal rusten. Anderen maken gebruik van dierenbegraafplaatsen. Een vriendin van me heeft haar hond laten cremeren en de urn met as op haar schoorsteenmantel gezet. Een andere vriendin heeft de as van haar dier op zijn favoriete plekjes uitgestrooid. Er zijn mogelijkheden om van de as van je hond een diamant te laten maken, die je dan weer in een sieraad kunt laten zetten; een onvergankelijke (en dure) herinnering. En in Duitsland zijn er nu de eerste begraafplaatsen waar mens en dier in een gezamenlijk urnengraf bijgezet kunnen worden. Er zijn eindeloos veel mogelijkheden, afhankelijk van hoeveel geld je voor de herinnering aan je viervoeter wilt uitgeven. Mensen die niet in de vorm van een 'reële' begrafenis of crematie afscheid van hun huisdier kunnen nemen, maken gebruik van virtuele dierenbegraafplaatsen. Het grafschrift verzend je per e-mail met de naam, geboortedatum en sterfdatum van het dier. Sommige overlijdensteksten worden naamloos opgegeven of zijn onder een pseudoniem geschreven. Zo kun je teksten lezen als: 'Je kwam altijd als ik je riep. En migraine had je nooit. O, onze liefde was zo diep. Zonder jou ben ik berooid. Je nam aan van mij wat ik je gaf, jij zonnestraal van mijn leven. Ach, moge dit computergraf je eeuwige vrede geven.'

En Sepp, de 'Beierse vechthond' roept zijn baasje na: 'Ouwe rukker van me; tot gauw!'

Ik vind geestige grafteksten niet oneerbiedig. Integendeel, lachen hoort net zo goed bij het leven als de dood. Als anderen zich mij na mijn dood herinneren, dan graag met een lach op hun gezicht.

Hoe werkt dat bij onze honden? Missen ze ons? Als ze zo sterk in het hier en nu leven, herinneren de dieren zich ons dan nog als we vóór hen deze wereld verlaten... En zo ja, hoe dan? Denken ze terug aan vroeger? Aan gezamenlijke ervaringen of uitjes, aan de strandvakantie of het wandelen in de bergen? Dat zou zo zijn als honden over een episodisch geheugen zouden beschikken. Deze geheugenvorm kun je omschrijven als de herinnering aan persoonlijke ervaringen en specifieke gebeurtenissen in het eigen leven. Het is nauw verbonden met het hebben van een ikbewustzijn. In tegenstelling tot aangeleerde vaardigheden onthouden we gebeurtenissen en ervaringen willekeurig; gewoon omdat we ze meemaken.

Nou kun je je hond moeilijk vragen: 'Weet je nog van die keer..?' Daarom ontwikkelden de Hongaarse gedragsonderzoekster Claudia Fugazza en haar team van de MTA-ELTE Comparative Ethology Research Group in Boedapest een aantal tests, waarbij ze zeventien honden allereerst een 'doe mij na'-trucje leerden.[58] De honden werden erop getraind om te imiteren wat hun werd voorgedaan.

Om een voorbeeld te geven: een persoon maakte een sprong in de lucht en de hond bootste hem na door op het commando 'doe mij na' ook in de lucht te springen. Dit op zich getuigde nog niet afdoende van een episodisch geheugen. Het bewijs werd pas geleverd toen de onderzoekers de dieren leerden om naar het voorbeeld van een proefpersoon te gaan liggen en niets anders te doen.

Nadat dit laatste de honden was ingeprent en ze een tijdje later opnieuw het 'doe mij na'-commando kregen, verrasten de viervoeters het team deskundigen door zich dat bevel onmiddellijk te herinneren en het op te volgen.

Ze herinnerden zich dus wat ze de mensen hadden zien doen, hoewel ze niet hadden kunnen weten dat ze die herinnering nog nodig zouden hebben.

Dit toont aan dat honden een episodisch geheugen hebben, want ze konden het commando 'doe mij na' zowel na zestig seconden als na zestig minuten nog uitvoeren. Pas na verloop van tijd vervaagde de herinnering.

Shira heeft dus een geheugen dat lijkt op het mijne. Mooi zo! Alleen, heeft deze conclusie niet veel weg van een open deur intrappen? Ik vraag me net als veel andere hondenbezitters af of een dergelijk voor de hand liggend feit echt nog wetenschappelijk bewezen moest worden.

Shira en ik waren vorig jaar op vakantie op een eiland in de Noordzee. Vroeger waren we daar vaak geweest, maar op een gegeven moment kwam het er niet meer van. Nu hief Shira haar kop hoog op toen we de parkeerplaats achter de duinen op reden. Ze rook de zee. Toen ik haar uitstaphulpje voor de kofferbak installeerde, was ze niet meer te houden: mijn golden girl stoof ervandoor. Op haar oude poten, maar jong in haar kop – die immers vol zit met prachtige herinneringen – stormde ze over het smalle pad tussen de duinen door naar het strand en vervolgens het water in. Daar bleef ze staan en keek ze me met stralende ogen aan. 'Wauw, tof zeg! Water! Kijk dan, water!'

Herinnerde ze zich onze vroegere strandvakanties samen of had ze gewoon de zee geroken en haar labradorinstinct gevolgd? Maakt niet uit. Ze was gelukkig, en dat was het enige wat voor mij telde.

De Amerikaanse zangeres en schrijfster Mary Carolyn Davies schreef: 'Een goede hond sterft nooit. Hij blijft altijd aanwezig. Hij wandelt naast je op kille herfstdagen; langs de berijpte velden als de winter nadert, zijn kop ligt liefdevol in je hand, zoals in vroeger tijden.'[59]

Je vergeet je hond niet. En ook je lichaam herinnert zich zijn geur, zijn gesnuif en gehijg en niet te vergeten zijn gesnurk, en het gewicht van zijn kop als hij die op je knieën laat rusten. In de loop van het leven met je hond hebben jullie veel gezamenlijke kleine rituelen ontwikkeld, jullie hebben op elkaar vertrouwd en je geborgen gevoeld bij elkaar.

Ik heb Shira altijd al gefotografeerd. Puppyfoto's heb ik in overvloed, maar ook nu schiet ik heel veel plaatjes en maak ik korte filmpjes waardoor ik me de bejaarde Shira nog beter voor de geest zal kunnen halen en aan haar kan terugdenken. De herinnering wordt steeds belangrijker.

'Het enige belangrijke in het leven zijn de sporen van liefde die we achterlaten als we heengaan,' schreef Albert Schweitzer.[60] Shira laat zoveel sporen achter dat ik me haar mijn leven lang dankbaar zal herinneren.

Als je met honden leeft, die sowieso een veel te kort leven hebben, en als daar dan nog bij komt dat ook je eigen leven steeds korter wordt, maak je dagelijks steeds meer dingen mee die je als herinnering, bijna als een souvenir, kunt koesteren.

Wederwaardigheden van vroeger staan je veel helderder voor de geest dan wanneer je jong bent, dat geldt zowel voor puppy's als voor mensen. Hoe minder tijd van leven je nog rest, hoe meer je hebt om aan terug te denken.

Laten we dus veel tijd nemen voor en met onze oude honden om elke dag te vullen met sprankelende dierbare herinneringen.

HET LEVEN GAAT DOOR

'Beslist niet! Nooit! Ik wil geen hond meer!' schreeuwde ik mijn vriendin door de telefoon toe.

Ze had me alleen maar over een schattige pup verteld, die perfect bij me zou passen. Maar het was pas drie maanden geleden dat ik Lady had begraven. Nu wilde ik eerst eens uitgebreid op vakantie, tijd voor mezelf hebben, alles doen wat ik al een hele poos niet had kunnen doen. Maar wat ik vooral níét wilde, was me ooit weer zo diep ellendig voelen en heftig rouwen om een dier.

Dit was het eerste van vele lange telefoongesprekken die ik met Corina voerde. Een jonge pup, een labradorkruising, die op een heel klein eilandje in Denemarken was geboren. Corina kende de eigenaar en natuurlijk de ouders van het hondje. 'Geweldige honden. Heel cool en ontspannen. En dan dat kleine ukkie... ze zou echt de ideale hond voor jou zijn!'

'Nee! En al helemaal geen pup. Veel te veel stress!' Op een of andere manier kwamen er toch wat gaatjes in mijn afweer. Ik wist dat ik op mijn vriendin kon vertrouwen. Ze was een ervaren hondentrainer en als zij een dier aanprees als 'de perfecte hond' voor mij, dan had ze vast een punt. Maar nu alweer een nieuwe?

Ik ging in de tuin bij Lady's graf zitten en dacht na. Wanneer is de tijd rijp voor een nieuwe hond? Wanneer ben ik er klaar voor en kan ik er weer voor openstaan? Ik vroeg me af hoe het zou zijn als ikzelf overleden was en Lady nog leefde. Zou ik dan niet willen dat zij weer gelukkig zou worden en een nieuw thuis zou krijgen? Omgekeerd was het vast en zeker hetzelfde. Honden zijn de onvoorwaardelijke liefde in eigen persoon. Ze willen niet dat wij verdrietig zijn. We doen ze eer aan door een nieuw dier een thuis te geven.

Omgaan met verlies is een van de moeilijkste dingen in het bestaan. Maar er komt een punt in je reis door het leven dat je inziet dat het wezen waar je om rouwt nooit echt jouw eigendom is geweest. En je zult beseffen dat het desondanks altijd bij je zal zijn, zij het op een andere manier. Je zult merken dat het beter is om van je hond te hebben gehouden ook al heb je hem daarna verloren, dan dat je nooit je liefde aan een dier zou hebben gegeven. Liefde houdt nooit op! Als je zoveel van een ander levend wezen hebt gehouden dat je er diep om rouwt, dan heb je veel liefde te geven. En die liefde kun je niet in jezelf opsluiten, want ze strekt haar hand uit naar anderen. De liefde die een mens oprecht en vrij geeft, verandert hem en daarmee uiteindelijk onze hele kosmos.

Je kunt nooit een hond vervangen die je bent kwijtgeraakt. Maar je kunt wel besluiten de lege plaats in je leven te vullen met nieuwe liefde. Als je ervoor kiest een nieuwe hondenvriend in je leven toe te laten, zal het juiste dier al op je wachten.

Toen ik Shira, mijn acht weken oude Deense hondenkind in mijn armen hield, wist ik dat ik de juiste keus had gemaakt. Van 'nooit meer een hond' en 'al helemaal geen puppy' was ik via 'misschien toch' uiteindelijk bij 'oké, ik ga naar haar kijken' beland. En toen rolde dit aandoenlijk kleine hoopje bont regelrecht in mijn hart. Mijn ziel nam ze pas later in beslag, toen we allebei ouder werden. Ik heb geen moment spijt gehad van mijn besluit. Diep vanbinnen wist ik dat er geen andere weg was. Om liefde kun je niet heen. Ze groeit uit je verdriet en maakt je groter.

Shira is dit jaar dertien geworden en het gaat goed met haar. Ik ben net terug van haar halfjaarlijkse geriatrische controle, die ik naast de keer in oktober uit sentimentaliteit altijd rond Pasen laat uitvoeren. Met gemengde gevoelens ga ik bewust in dezelfde periode naar de dierenarts die Lady op Pasen heeft laten inslapen. Zo vier ik het leven van Shira én dat van Lady. Dood en leven, tranen en geluk liggen zo dicht bij elkaar.

Ooit zal de tijd die we samen hebben voorbij zijn. Tot het zover is, zal ik van elk moment met Shira genieten. En als ze gaat, zal ik bij haar zijn. Dan houd ik haar in mijn armen en vertel ik haar hoeveel ik van haar houd en zal ik over vroeger praten, net zoals ik bij Lady heb gedaan. Daarna zal ik rouwen en het zal mijn hart breken. En op een dag zal ik toch weer liefhebben.

Oude honden leren ons dat het leven geen probleem is dat je moet oplossen, maar een goddelijk mysterie dat je moet ervaren. Ze laten je zien dat ze niet alleen jouw hond zijn, maar dat jij ook hun mens bent. Ze hebben ons nodig, maar eigenlijk hebben wij hen harder nodig. Plezier scheppen in het leven. Zorgeloos zijn. Hoe dichter we het einde naderen, hoe meer we blijdschap volop zouden moeten toelaten. Dat is de wijsheid die oude honden ons nalaten.

Wat een groot cadeau is het leven toch. Alles gebeurt precies zoals het moet gebeuren. Onze oude wijze honden kennen het credo van geluk: geef me een kluif en ik ben gelukkig; geef me een plek in je hart en jij zult gelukkig zijn.

WOORD VAN DANK

Dit boek is één grote bedank- en liefdesbrief aan al mijn viervoetige maatjes die hun leven met me hebben gedeeld en me daardoor prachtige, gelukkige jaren hebben bezorgd.

Daarnaast wil ik natuurlijk ook mijn tweevoetige helpers en medewerkers bedanken. Eerst en vooral dank aan mijn agent Uwe Neumahr van Agence Hoffman in München voor zijn steun. Mijn redacteur Jessica Hein: dank je wel voor je vertrouwen in mij en mijn idee voor dit boek. Het team van Ludwig Verlag: Beatrice Braken-Gülke (publiciteit) en Carolin Assmann (lezingen), die jongleren met mijn afspraken en deadlines. Ik ben heel dankbaar voor de tijd die jullie me op die manier besparen.

Soms ontdek je totaal onverwachts een geestverwant. Mijn redacteur Ulrike Strerath-Bolz is zo iemand, die ons gezamenlijk werk aan het manuscript tot een feest heeft gemaakt. Dank je wel.

Andrea Weil is eerste lezer en redacteur op wier oordeel ik volledig vertrouw. Ze krijgt het onmogelijke voor elkaar, namelijk de eerste chaotische opzet van het manuscript bijschaven tot het al bijna op een boek lijkt. Petje af, Andrea!

Al mijn honden hebben een tweede thuis bij mijn ouders en genieten daar van hun 'wellnessvakantie' in de periodes dat ik op reis ben om een lezing te geven of onderzoek te doen. Bedankt. Ik hou van jullie.

Als Shira's 'peetmoeder' heeft mijn vriendin Corina Cornilsen voor altijd een speciale plek in mijn hart. Ze heeft me overgehaald om de liefde weer een kans te geven door na Lady's dood de kleine Shira in mijn armen te leggen.

Ten slotte gaat mijn dank uit naar alle lezeressen en lezers van de nieuwsbrieven van *Wolf Magazine* die zo openhartig zijn geweest om me de verhalen over hun oude honden te vertellen.

Oude honden zijn een grote zegen. Dat we voor ze mogen zorgen en dat zij van ons houden, is een eer voor ons. Laat ons bewijzen dat we die eer waard zijn.

Website van de auteur: www.elli-radinger.de

OPMERKINGEN, BRONNEN EN LEESTIPS

1 Markus Pössel: *Zwillinge und Wanderer*, in: Einstein Online Band 04 (2010), 1108, geraadpleegd op 16 juli 2018

2 https://nl.wikipedia.org/wiki/Metusalem, geraadpleegd op 8 mei 2018

3 https://www.sat1.de/ratgeber/trends/coole-tiere/so-alt-wurde-der-älteste-hund-der-welt-clip, geraadpleegd op 8 mei 2018

4 https://www.uni-goettingen.de/de/3240.html?cid=4423, geraadpleegd op 8 mei 2018

5 http://www.tandfonline.com/doi/full/10.1080/14649365, geraadpleegd op 25 mei 2018

6 https://www.yahoo.com/news/dogs-snub-people-mean-owners-study-053213855.html, geraadpleegd op 16 juli 2018

7 https://www.omihunde-netzwerk.de/, geraadpleegd op 16 juli 2018

8 orange.handelsblatt.com/wp-content/uploads/2017/08/ 8 8 Haustiere.pdf, geraadpleegd op 17 juli 2018

9 https://www.nwzonline.de/wirtschaft/das-lohnende-geschaeft-der-tieraerzte_a_30,1,1972059874.html, geraadpleegd op 8 mei 2018

10 https://www1.wdr.de/verbraucher/geld/r-ausgerechnet-geld-ausgeben-100.html, geraadpleegd op 8 mei 2018

11 Social Cognitive and Affective Neuroscience, 2016; doi: 10.1093/scan/nsw102, https://academic.oup.com/scan/article/11/12/1853/2544448, geraadpleegd op 8 mei 2018

12 https://www.huffingtonpost.com/entry/worlds-ugliest-dog-2017-martha-mastiff_us_594fa7cce4b05c37bb76f7b3, geraadpleegd op 8 mei 2018

13 Amanda Jones: *Dog Years: Faithful Friends, Then & Now*, Chronicle Books, 2015

14 Elli H. Radinger: *De wijsheid van wolven,* A.W. Bruna Uitgevers, 2018, p. 31

15 Julia Cameron: *The Artist's Way – vind je eigen inspiratie.* Christofoor, 2002

16 https://www.fitforfun.de/abnehmen/diaeten/cheat-day-was-bringt-der-cheat-day-204855.html, geraadpleegd op 9-5-2018

17 Bronnie Ware: *Als ik het leven over mocht doen.* A.W. Bruna Uitgevers, 2012

18 Elli Radinger: *Minnesota Winter. Eine Liebe in der Wildnis.* Aufbau TB, 2015

19 https://www.nature.com/articles/s41598-017-12781-x, geraadpleegd op 27 mei 2018

20 *Underdogs.* Duitsland, 2007, Regie: Jan-Hinrik Drevs

21 https://gutezitate.com/autor/harry-s.-truman/2, geraadpleegd op 16 juli 2018

22 https://gutezitate.com/zitat/213783, geraadpleegd op 16 juli 2018

23 https://www.aphorismen.de/zitat/12322, geraadpleegd op 16 juli 2018

24 *Science Advances,* 2017; doi: 10.1126/sciadv.1700398

25 Dogs Can Discriminate Emotional Expressions of Human Faces, http://www.cell.com/current-biology/abstract/S0960-9822(14)01693-5, geraadpleegd op 8 mei 2018

26 https://www.zeit.de/2006/09/F-Hund, geraadpleegd op 9 mei 2018

27 http://newsthump.com/2015/04/29/dogs-only-show-affection-due-to-canine-stockholm-syndrome-finds-study/, geraadpleegd op 9 mei 2018

28 https://www.dictionary-quotes.com/der-wunsch-ein-tier-zuhalten-entspringt-einem-uralten-grundmotiv-namlich-der-sehnsucht-des-kulturmenschen-nach-dem-verlorenen-paradies-konrad-lorenz/, geraadpleegd op 16 juli 2018

29 https://www.welt.de/kmpkt/article173365538/Darum-sollte-dein-Hund-oefter-Computerspiele-zocken.html, geraadpleegd op 8 mei 2018

30 http://www.jneurosci.org/content/28/28/7031, geraadpleegd op 9 mei 2018

31 http://www.chasertheborder collie.com/, geraadpleegd op 28 mei 2018

32 Carl Naughton: *Neugier: So schaffen Sie Lust auf Neues und Veränderung*. Econ Verlag, 2016

33 http://www.spiegel.de/wissenschaft/natur/hunde-verstehen-inhalt-und-tonfall-einer-aussage-a-1110161.html, geraadpleegd op 28 mei 2018

34 http://time.com/103396/we-trust-strangers-even-when-it-doesnt-make-sense-to-do-so/, geraadpleegd op 9 mei 2018

35 https://www.smava.de/presse/pressemitteilungen/jeder-zweite-wuerde-crowdfunding-projekte-mitfinanzieren/, geraadpleegd op 9 mei 2018

36 https://gutezitate.com/zitat/118540, geraadpleegd op 19 juli 2018

37 Margareta Magnusson: *Opruimen voor je doodgaat – de edele Zweedse kunst van döstädning*. De Bezige Bij, 2017

38 http://www.einfachbewusst.de/2017/04/minimalisten-keine-geldsorgen/, geraadpleegd op 19 juli 2018

39 PLOS ONE, 2014; https://l.org/doi 10.1371/journal.pone.0107794, geraadpleegd op 18 mei 2018

40 https://www.presseportal.de/pm/54882/3819665 geraadpleegd op 10 mei 2018

41 *Animal Cognition*: Empathic-like responding by domestic dogs (Canis familiaris) to distress in humans: an exploratory study. https://link.springer.com/article/10.1007/s10071-012-0510-1, geraadpleegd op 10 mei 2018

42 https://www.galileo.tv/earth-nature/schau-mir-die-augen-darum-koennen-wir-dem-hundeblick-nicht-widerstehen/, geraadpleegd op 10 mei 2018

43 http://booksandjournals.brillonline.com/content/journals/10.1163/15685306-12341440, geraadpleegd op 10 mei 2018

44 http://www.dailygood.org/story/28/emotional-lives-of-animals-marc-bekoff/, geraadpleegd op 20 juli 2018

45 https://www.zitate.eu/author/schiller-friedrich-johann-christoph/zitate/117205, geraadpleegd op 20 juli 2018

46 http://www.independent.co.uk/news/world/europe/dog-russia-stays-with-injured-friend-railway-tracks-panda-lucy-video-watch-a7497551.html, bekeken op 10 mei 2018

47 Elli Radinger: *De wijsheid van wolven.* A.W. Bruna Uitgevers, 2018, p. 105

48 https://notsuredamus.wordpress.com/2011/04/19/delta-hero-dog-of-pompeii, geraadpleegd op 19 mei 2018

49 Isaiah Spiegel: 'A Ghetto Dog', in: Howe en Greenberg (ed.), *A Treasury of Yiddish Stories.* 1955. Dit complete, zeer ontroerende verhaal wordt voorgelezen op YouTube: https://www.youtube.com/watch?v=x7MQkvsQCh4, beluisterd op 18 mei 2018

50 De Thora schrijft de joodse gelovigen voor tijdens het bidden de gebedsriemen (tefilin) aan te leggen. Ze verbinden hoofd, hart en hand en moeten ervoor zorgen dat verstand, gevoel en handelen een harmonisch geheel vormen. http://www.judentum-projekt.de/religion/religioesegrundlagen/gebetskleidung/, geraadpleegd op 20 mei 2018

51 Sigmund Freud, Antonie Ladan en Wilfred Oranje: *Actuele beschouwingen over oorlog en dood.* Uitgeverij Sjibbolet, 2017

52 http://www.wn.de/Welt/Kultur/2013/04/Kabarettist-Jochen-Busse-in-Muensters-Aula-am-Aasee-Der-Tod-sucht-schon-einen-Parkplatz, geraadpleegd op 21 juli 2018

53 Sogyal Rinpoche en Patrick Gaffney: *Het Tibetaanse boek van leven en sterven.* Kosmos Uitgevers, 2014

54 https://www.planet-wissen.de/gesellschaft/tod_und_trauer/sterben/pwiediefuenfsterbephasen100.html, geraadpleegd op 10 mei 2018

55 Elisabeth Kübler-Ross: *Levenslessen. Over het leven voor de dood.* In samenwerking met David Kessler. Amsterdam, Ambo, 2001

56 https://www.snopes.com/glurge/abbey.asp, geraadpleegd op 21 juli 2018

57 https://www.dogmt.com/, geraadpleegd op 21 juli 2018

58 http://www.wissenschaft.de/leben-umwelt/biologie/-/journal_content/56/12054/14718582/Woran-sich-Hunde-erinnern/, geraadpleegd op 15 mei 2018

59 https://www.spruechetante.de/sprueche-sammlung/index.php/ein-guter-hund-stirbt-nie-von-mary-carolyn-davies/, geraadpleegd op 21 juli 2018

60 https://www.zitate-online.de/literaturzitate/aphorismen/16186/das-einzig-wichtige-im-leben-sind-die-spuren.html, geraadpleegd op 21 juli 2018

FOTOVERANTWOORDING

Fotoredactie: Tanja Zielezniak

Binnenwerk: Adobe Stock: 12 (Bastian), 80 (Holly Michele), 114 (Peter Rudolf), 122 (ueuaphoto), 200/201, 222/223 (Carola Schubbel), 166 (everydoghasastory), 172/173 (Photography), 174 (Mikkel Bigandt), 212/213 (EHammerschmid), 270/271 (claireliz), 280/281 (pavlobaliukh), 282 (annette shaff), 314/315 (K. Thalhofer), 320/321 (Studio Porto Sabbia); Alamy Stock Foto: 20 (H. Mark Weidman Photography), 136/137 (CoCo Jones), 154/155 (Sarah Lucile Purnell), 156 (allOver images); Getty Images: 40 (Allyson Scott/ Design Pics), 78/79 (Purple Collar Pet Photography), 92/93 (Faba-Photograhpy), 184 (Maisie Paterson), 224 (Glow Images, Inc), 232 (Deborah Pendell); Imago Stock & People: 138 (xblickwinkel/ M. xHickenx); iStockphoto: 18/19 (MALLB), 38/39 (PK-Photos), 68 (claudio.arnese), 112/113 (samsara), 148 (gollykim), 164/165 (fstop123), 182/183 (small_andante), 214, 322 (CatLane); Obersteiner, Denise: 94; Photocase: 258 (Susann Städter), 272 (Ginger); Photoshot: 104 (NHPA/ B. Brinkmann); privéarchief Elli H. Radinger: 66/67; Shutterstock: 10/11 (Annette Shaff), 56/57 (Sabine Schmidt), 58 (Pawtraits), 102/103 (Krisana Antharith), 120/121 (Reddogs), 190/191, 202, 246 (tinyowl7), 192 (Larissa Chilanti), 230/231 (Kristina

Stasiuliene), 244/245 (Nick Chase 68), 256/257 (Angyalosi Beata), 296/297 (Jaromir Chalabala), 298 (Annette Shaff), 316 (Anna Hoychuk)

Fotokatern: Adobe Stock: afb. 4 (Djakob); Alamy Stock Foto: afb. 1 (KQS); Cornilsen, Corina: afb. 12, afb. 13, afb. 14, afb. 15; Getty Images: afb. 3 (Christy Bruggenthies/EyeEm), afb. 6 (Thomas Strand), afb. 9 (Maisie Paterson), afb. 10 (Jutta Bauer); Kammans, Sigrun: afb. 11; privé-archief Elli H. Radinger: afb. 2, afb. 7; Selwyn, Jesse: afb. 5